U0737863

中等职业教育教学改革创新教材

数控车床加工工艺与编程操作

第 2 版

主　编　王　兵
副主编　廖　胜　何　炬　涂乘刚
参　编　毛江华　蔡伍军

机 械 工 业 出 版 社

本书是依据《国家职业标准》中级车工的知识要求和技能要求，按照岗位培训需要编写的。全书分两篇，入门篇包括：数控车床基础知识、数控车削加工工艺、数控车床编程与加工基础、数控车床的操作四部分；进阶篇包括：轴类零件的车削、套类零件的车削和复杂零件的车削三个项目。

本书可作为中等职业学校数控技术应用专业和机械加工专业数控车床加工实训的教学用书，也可作为培训机构的培训用书。

为便于教学，本书配套有PPT、视频等教学资源，凡选用本书作为授课教材的教师，均可登录机械工业出版社教育服务网（http://www.cmpedu.com）免费下载。咨询电话：010-88379375。

图书在版编目（CIP）数据

数控车床加工工艺与编程操作/王兵主编. —2版. —北京：机械工业出版社，2021.2（2025.2重印）
中等职业教育教学改革创新教材
ISBN 978-7-111-67479-5

Ⅰ.①数… Ⅱ.①王… Ⅲ.①数控机床-车床-加工工艺-中等专业学校-教材②数控机床-车床-程序设计-中等专业学校-教材 Ⅳ.①TG519.1

中国版本图书馆CIP数据核字（2021）第023901号

机械工业出版社（北京市百万庄大街22号 邮政编码100037）
策划编辑：王莉娜 责任编辑：王莉娜 王 良
责任校对：李 婷 封面设计：马精明
责任印制：单爱军
北京虎彩文化传播有限公司印刷
2025年2月第2版第5次印刷
184mm×260mm·12.25印张·296千字
标准书号：ISBN 978-7-111-67479-5
定价：38.00元

电话服务　　　　　　　　　　网络服务
客服电话：010-88361066　　　机 工 官 网：www.cmpbook.com
　　　　　010-88379833　　　机 工 官 博：weibo.com/cmp1952
　　　　　010-68326294　　　金 书 网：www.golden-book.com
封底无防伪标均为盗版　　机工教育服务网：www.cmpedu.com

第2版前言

十年前，为适应社会主义市场经济的发展和经济结构的不断调整，本着对技能型人才理论与操作技术进行指导的需要，我们组织编写了《数控车床加工工艺与编程操作》一书，出版后得到了广大读者的充分肯定，同时也收到了一些合理化的建议。参考这些反馈意见，此次修订在内容上做了些调整，删除了部分实用性不强的内容，增补了新的内容，体现了以下特点。

1. 以能力为本位，准确定位目标

从职业活动的实际需要出发来组织教学，将原先单一的知识目标分解为知识目标与能力目标，同时给出了学习方式与评价方法，注重自主、合作学习和沟通合作等素质和能力培养以及个性化教学，让教与学目标层次明确。

2. 以工作任务为线索，组织教材内容

将数控车削加工的职业能力分解为各个专项能力，以若干个工作任务整合相应的知识、技能，实现理论与实践的有效统一，符合职业技能递进式的培养模式。同时以典型零件为载体，依技能考核点设计+完整图样、检测评价，丰富工艺内容及实用性，有机嵌入职业、行业或企业标准，体现行业发展。

3. 引入加工视频二维码

为推进教育数字化，充分利用互联网+技术，全面引入二维码，可扫描观看视频和加工程序，体验实战加工场面，从而提高零件加工编程能力，以掌握更多零件的编程方法。

4. 安排拓展训练，进一步强化对理论与技能的理解和掌握

按照岗位需求、课程目标，以学生为主体，着眼于学生职业生涯发展，有目的地安排了相应的知识与技能训练的拓展内容，以解决实践问题为纽带实现理论与实践、知识与技能以及与情感态度的有机整合。

本次修订力求结构合理，层次清楚，语言简练，技术难度适当，更利于读者使用。

本书由王兵任主编，廖胜、何炬、涂乘刚任副主编，毛江华、蔡伍军参编。

由于编者水平有限，书中难免有不妥和错漏之处，还望广大读者指正。

编　者

第1版前言

随着经济的发展，国内人才市场的供需结构发生了深刻的变化，为适应培养 21 世纪技能型人才的需要和满足全国中等职业技术学校机械类专业教学的要求，在一切为了学生就业的导向和以企业用人标准为依据的前提下，编者充分考虑各地不同的办学条件，并遵从中等职业技术学校学生的认知能力和思维规律，编写了本书。

本书采用了最新的国家标准，在内容表达方式上，以职业实践活动为核心来组织必要的知识和技能。全书具有以下三个主要特点：

第一，打破以学科为中心的教学组织方式，从职业活动的实际需要出发来组织教学，强化实际操作能力的培养。

第二，教学内容本体化，不刻意向其他学科扩展。课程结构模块化，每个模块以"问题为中心"展开，把专业知识和专业技能有机地融合为一体。

第三，通过大量的实践案例和图表化的表现形式，强化实践，兼顾理论，增加了师生互动的环节，专业知识与专业技能由浅入深、直观明了，便于自学。

本书由荆州技师学院的王兵老师编写。书中内容是编者多年来实际工作的体会与经验总结，同时借鉴了国内同行的最新资料与文献，在此谨致谢意。由于编者水平有限，书中不妥之处在所难免，敬请广大读者批评指正。

编　者

二维码索引

序号	名称	二维码	页码	序号	名称	二维码	页码
1	JOG 进给		80	9	图 5-9 零件的加工		113
2	新建程序(程序的编辑与输入)		81	10	图 5-10 零件的加工		116
3	字符的删除、插入和替换		82	11	图 5-11 零件的加工		118
4	图 5-1 零件的加工		94	12	图 5-12 零件的加工		121
5	图 5-4 零件的加工		98	13	图 5-13 零件的加工		124
6	图 5-6 零件的加工		101	14	图 6-1 零件的加工		132
7	图 5-7 零件的加工		103	15	图 6-3 零件的加工		134
8	图 5-8 零件的加工		109	16	图 6-4 零件的加工		136

（续）

目　录

入门篇

基础与应用

数控车床基础知识

知识导读

数控是数字程序控制的简称，是一种以数字信号作为指令的信息形式。通过数字逻辑电路或计算机控制的机床，在当今机械制造行业中应用非常广泛。

学习目标

知识目标

1）了解数控车床的组成与工作过程。

2）理解数控车床主运动的传递方式。

3）了解数控车床的功能特点。

4）了解影响数控车床布局的因素。

能力目标

1）掌握数控车床的加工范围。

2）掌握数控车床的分类。

3）了解常用的数控系统。

4）完成能力训练要求。

学习方式与评价

1）以观摩+理论（+微课视频）为主进行讲解。

2）上网搜索数控车床相关信息。根据学生自己获取的与知识有关的质量、市场、环保等信息情况进行量化评价。

3）分工合作。根据小组成员分工的明确性、任务分配的合理性以及小组分工的职责明细表进行量化评价。

4）基本知识分析讨论。根据小组讨论的热烈度、概念的准确性、逻辑性做出量化评价。

学习内容

1. 数控车床的组成

数控车床的外形如图 1-1 所示，它由数控系统、床身、主轴、刀架系统、液压系统、冷

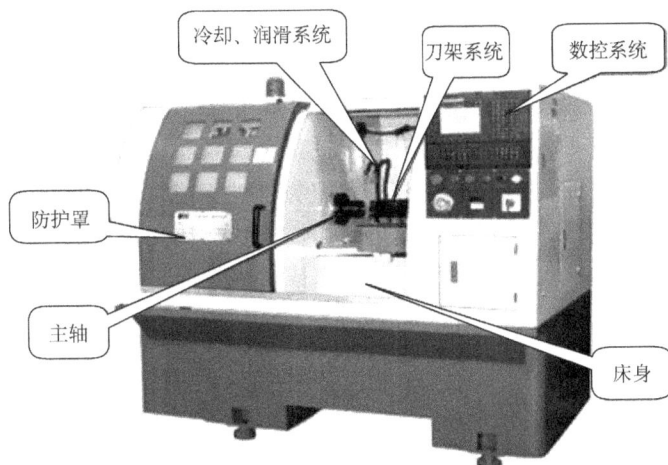

图 1-1　数控车床的基本组成

却系统、润滑系统、排屑器、防护罩等组成。

图 1-1 所示为数控车床的外形主体结构组成，一般情况下数控车床由输入/输出设备、数控装置、伺服单元、执行机构及电气控制装置、辅助装置、测量反馈装置与机床主体组成，如图 1-2 所示。

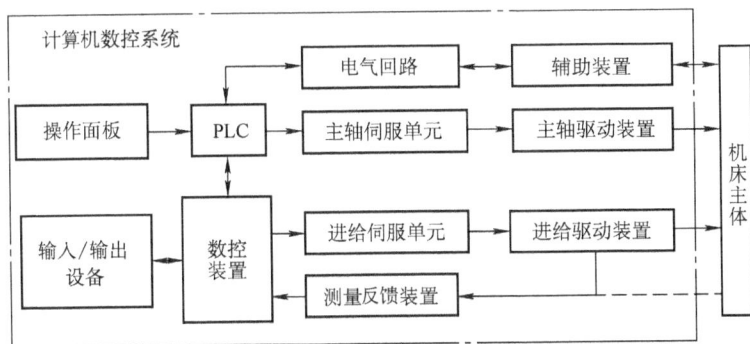

图 1-2　数控车床组成框图

但数控车床的关键与核心还是其数控系统，包含伺服系统与数控装置。伺服系统是关键部件，在车床中起"伺候服务"的作用，主要用来接收数控装置输出的指令信息。其输出端是数控车床刀架运动部分的驱动元件，包括驱动装置和执行机构两部分。数控装置是数控系统的核心部件，它控制车床中各种指令信息的接收、处理及调配，并对伺服系统发出执行命令。数控装置一般由译码器、运算器、存储器、显示器、输入装置和输出装置等组成，如图 1-3 所示。

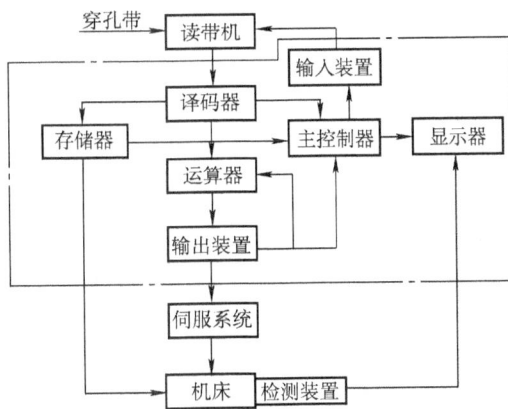

图 1-3　数控装置的逻辑框图

2. 数控车床的工作原理

如图 1-4 所示，数控车床加工零件时，一般根据被加工工件的图样，用规定的数字代码和程序格式编制程序单，再将编制好的程序单记录在信息介质上，通过阅读机把信息介质上的代码转变为电信号，并输送到数控装置，数控装置对所接收的信号进行处理后，再将处理结果以脉冲信号形式向伺服系统发出执行指令，伺服系统接到指令后，马上驱动车床各进给机构按规定的加工顺序、速度和位移量，自动完成对零件的车削。

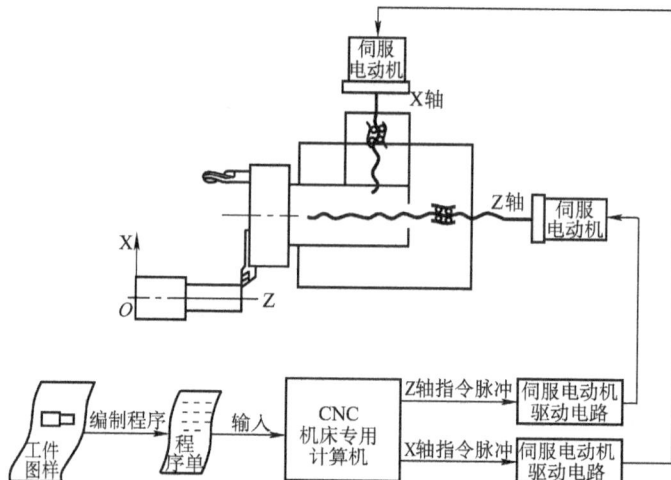

图 1-4　数控车床的基本工作原理

3. 数控车床主传动系统和进给运动

(1) 主传动系统

1) 主传动系统的特点。与普通机床的主传动系统相比，数控机床的主传动系统在结构上比较简单，它的变速功能全部或大部分由主轴电动机的无级调速装置来承担，省去了繁杂的齿轮变速机构。

2) 主轴变速的方式。主轴变速的方式主要有以下几种。

① 无级变速。数控车床一般采用直流或交流主轴伺服电动机来实现主轴的无级变速。交流主轴电动机及交流变频驱动装置由于没有电刷，不产生火花，其性能已达到直流驱动系统的水平，甚至在噪声方面还有所降低，因而应用很广泛。

② 分段无级变速。数控车床在实际生产中一般要求在中、高速段时为恒功率传动，而在低速段时为恒转矩传动。为了保证数控车床在低速时有较大的转矩，主轴变速范围应尽可能宽，有的数控车床在交流或直流电动机无级变速的基础上配以齿轮变速，使之成为分段无级变速，即带有变速齿轮的主传动机构、通过带传动的主传动机构、用两台电动机分别驱动的主轴等。数控车床主传动的四种配置方式如图 1-5 所示。

③ 液压拨叉变速机构。在带有齿轮传动的主传动系统中，齿轮的换档主要都是以液压拨叉来完成的，通过改变不同的通油方式可使三联齿轮块得到三个不同的变速位置。其原理

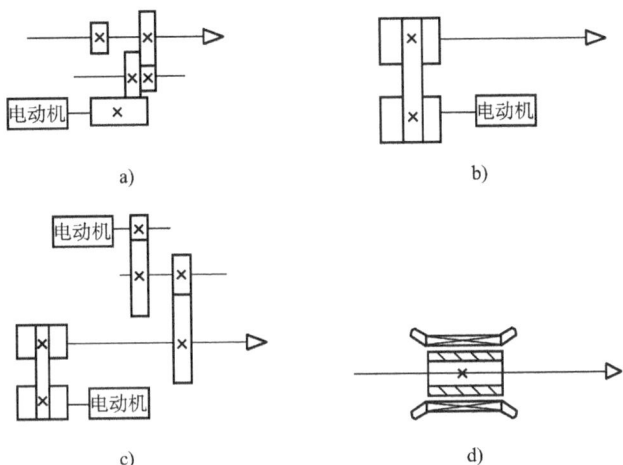

图 1-5　数控车床主传动的四种配置方式

a）变速齿轮　b）带传动　c）两台电动机分别驱动　d）内装电动机主轴传动结构

图如图 1-6 所示。

该机构除液压缸和活塞杆外，还增加了套筒 4。当液压缸 1 通入压力油，而液压缸 5 卸压时，活塞杆 2 便带动拨叉 3 向左移动到极限位置，此时拨叉带动三联齿轮块移动到左端。当液压缸 5 通入压力油，而液压缸 1 卸压时，活塞杆 2 和套筒 4 一起向右移动，在套筒 4 碰到液压缸 5 的端部后，活塞杆 2 继续右移到极限位置，此时，三联齿轮块被拨叉 3 移动到右端。当液压缸 1 和 5 同时通入压力油时，由于活塞杆 2 的两端直径不同，使活塞杆处在中间位置。在设计活塞杆 2 和套筒 4 的截面直径时，应使套筒 4 的圆环面上的向右推力大于活塞杆 2 的向左推力。液压拨叉换档在主轴停车之后才能进行，但停车时拨叉带动齿轮块移动又可能产生"顶齿"现象，因此在这种主运动系统中通常设一台微型电动机，它在拨叉移动齿轮块的同时带动各传动齿轮做低速回转，使移动齿轮与主动齿轮顺利啮合。

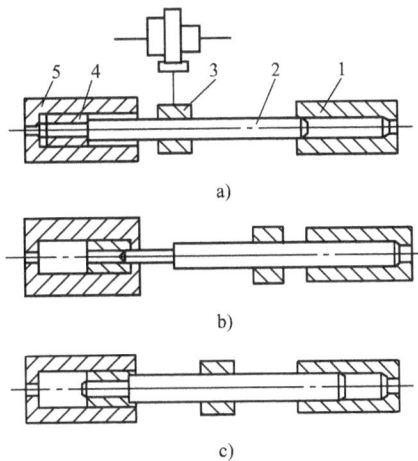

图 1-6　三位液压拨叉的工作原理图

a）液压缸 1 通入压力油　b）液压缸 5 通入压力油
c）液压缸 1、5 同时通入压力油
1、5—液压缸　2—活塞杆　3—拨叉　4—套筒

④ 电磁离合器变速。电磁离合器是应用电磁效应接通或切断运动的元件的。由于它便于实现自动操作，并有现成的系列产品可供选用，因此已成为自动装置中常用的操纵元件。电磁离合器用于数控机床的主传动时，能简化变速机构，通过若干个安装在各传动轴上的离合器的吸合和分离的不同组合来改变齿轮的传动路线，实现主轴的变速。

⑤ 内置电动机主轴变速。这种主传动系统是电动机直接带动主轴旋转，如图 1-5d 所

示，因而大大简化了主轴箱体与主轴的结构，有效地提高了主轴部件的刚度，但主轴输出转矩小，电动机发热对主轴的精度影响也较大。

（2）进给运动 数控车床的主运动以保证刀具与工件相对正确的位置关系为目的，工件的位置轮廓精度会受到进给运动的传动精度、稳定性以及灵敏度的影响。不论是加工线路中的点位控制还是连续控制，其进给运动都是数字控制系统的直接控制对象。对于闭环伺服控制系统，还要在进给运动的末端加上位置检测反馈装置，以使运动更为准确。

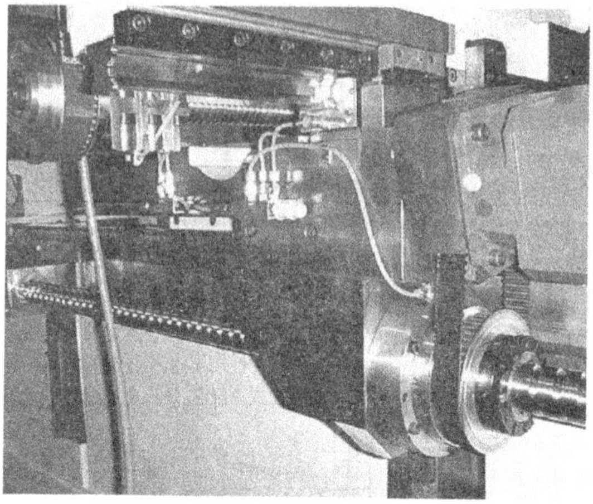

图 1-7 数控车床的进给传动系统

数控车床的进给传动系统如图 1-7 所示，一般均采用进给伺服系统，这也是数控车床区别于普通车床的一个特殊部分。

1）车刀进给原理。图 1-8 所示是数控车床车刀的进给原理。一般卧式车床是通过车刀直线、斜线、圆弧或其他曲线的进给运动，配合工件旋转完成车削加工的。数控车床车削加工时，是把刀具的进给分成对不同坐标的进给，而每一进给量又分成若干个单位（位移）量，由数控系统根据工件加工程序的要求，不断按刀具各坐标比例移动，从而完成车刀的进给运动。

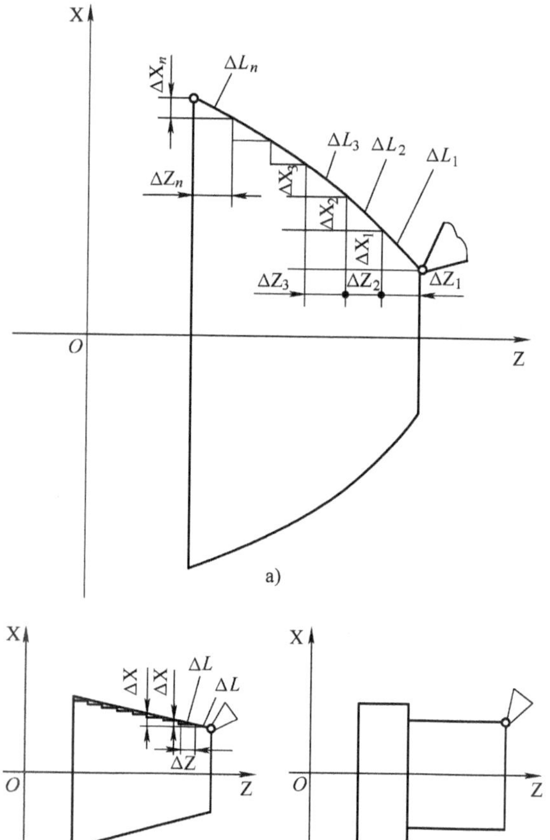

在图 1-8a 所示的曲线车削中，可以把曲线 L 细分为 ΔL_1，ΔL_2，…，ΔL_n 等线段。车刀在 Z 坐标和 X 坐标方向上单位时间内的位移量为 ΔZ_1、ΔX_1，即可合成线段 ΔL_1。由于 ΔL_n 的斜率在不断变化，进给分量 $\Delta X_n/\Delta Z_n$ 也会随之变化，车床数控系统不断发出连续指令，使车刀在 X、Z 两坐标方向上的 ΔX 与 ΔZ 的比值也变化，从而使车刀做连续位移，完成曲线车削。如图 1-8b 所示，ΔL 的斜率是不变的，即 $\Delta X/\Delta Z$ 的比值不变，数控装置只要按 $\Delta X/\Delta Z$ 的比例发出连续移动指令，便能完成圆锥车削。如图 1-8c 所示，刀具按已确定的进给量连续位移，便完成圆柱直线车削。在数控车床加工中，数控车床的进给量

图 1-8 数控车床的车刀进给原理图
a）车削曲线 b）车削斜线 c）车削直线

6

ΔX 和 ΔZ 是由车床数控装置输出的脉冲当量所决定的，每一个脉冲当量是车床的最小位移量，一般为 0.001mm。

2）数控车床对进给系统的性能要求如下。

① 消除传动间隙，提高传动精度和刚度。

② 减小运动间的摩擦阻力。

③ 减小运动部件的转动惯量。

④ 提供系统要求的适度阻尼。

3）滚珠丝杠螺母副。在数控车床进给系统中，要进行旋转运动与直线运动的相互转换，就必须靠滚珠丝杠螺母副来完成。

滚珠丝杠螺母副的结构原理如图 1-9 所示，它是一种在丝杠和螺母间装有滚珠作为中间元件的丝杠副。在丝杠 3 和螺母 1 上都有半圆弧形的螺旋槽，当它们套装在一起时，便形成了滚珠的螺旋滚道。螺母上有滚珠回路管道，将几圈螺旋滚道的两端连接起来构成封闭的循环滚道，并在滚道内装满滚珠。当丝杠 3 旋转时，滚珠 2 沿滚道循环转动，迫使螺母轴向移动。

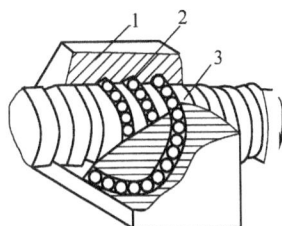

图 1-9　滚珠丝杠螺母副的结构原理

1—螺母　2—滚珠　3—丝杠

4. 数控车床的加工范围与其他装置

（1）数控车床的配置与加工能力范围　数控车床的结构配置不同，其加工能力也不相同，见表 1-1。

表 1-1　数控车床的配置与加工能力范围

机型配置	加工能力
标准二轴	车外圆　钻孔　车孔
C 轴+动力刀架	铣方头　铣端面槽　钻端面孔

7

（续）

机　型　配　置	加　工　能　力
副主轴	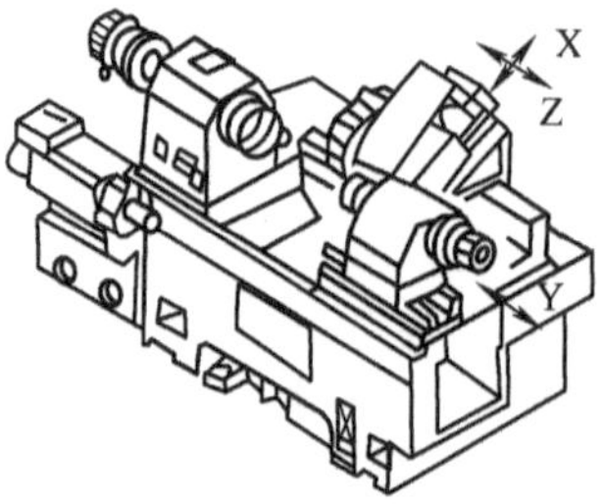  车沟槽 　　　换向(双向)加工

（2）**数控车床的加工范围**　与普通车床相比，数控车床比较适合于车削满足以下要求和特点的回转体零件。

1）精度要求高的零件。由于数控车床的刚性好，制造和对刀精度高，同时能方便和精确地进行人工补偿甚至自动补偿，所以它能够加工尺寸精度要求高的零件，在有些场合可以以车代磨。此外，由于数控车床车削时刀具运动是通过高精度插补运算和伺服驱动来实现的，再加上机床的刚性好、制造精度高，所以它能加工对素线直线度、圆度、圆柱度公差要求小的零件。

2）表面粗糙度值小的回转体零件。数控车床能加工出表面粗糙度值小的零件，不但是因为机床的刚性好、制造精度高，还由于它具有恒线速度切削功能。在材质、精车余量和刀具已定的情况下，表面粗糙度取决于进给速度和切削速度。使用数控车床的恒线速度切削功能，可选用最佳线速度来切削端面，这样切削出的零件表面粗糙度值既小又一致。数控车床还适合于车削各部位表面粗糙度要求不同的零件，表面粗糙度值小的部位可以用降低进给速度的方法来达到，而这在普通车床上是做不到的。

3）轮廓形状复杂的零件。数控车床具有圆弧插补功能，所以可直接使用圆弧指令来加工圆弧轮廓。数控车床也可加工由任意平面曲线所形成的回转轮廓零件，既能加工可用方程描述的曲线，也能加工列表曲线。如果说车削圆柱零件和圆锥零件既可选用普通车床也可选用数控车床，那么车削复杂回转体零件就只能选用数控车床。数控车削加工零件如图1-10所示。

4）带一些特殊类型螺纹的零件。普通车床所能切削的螺纹相当有限，只能加工等螺距的直、锥面米制螺纹和寸制螺纹，而且一台车床只限定加工若干种节距的螺纹。数控车床不但能加工任何等螺距直、锥面米制螺纹、寸制螺纹和端面螺纹，而且能加工增螺距、减螺距，以及要求等螺距、变螺距之间平滑过渡的螺纹。数控车床加工螺纹时主轴转向不必像普通车床那样交替变换，它可以一刀又一刀不停顿地循环，直至完成，所以它车削螺纹的效率很高。数控车床还配有精密螺纹切削功能，再加上一般采用硬质合金成形刀片，以及可以采用较高的转速，所以车削出来的螺纹精度高、表面粗糙度值小。可以说，包括丝杠在内的螺纹零件很适合于在数控车床上加工。数控车削螺纹如图1-11所示。

5）超精密、超小表面粗糙度值的零件。磁盘、录像机磁头、激光打印机的多面反射体、复印机的回转鼓、照相机等光学设备的透镜及其模具，以及隐形眼镜等要求超高的轮廓精度和超小的表面粗糙度值，适合于在高精度的数控车床上加工。以往很难加工的塑料材质散光

8

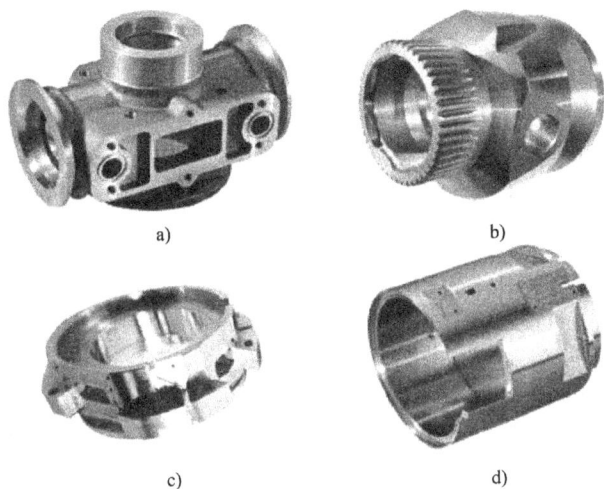

图 1-10　数控车削加工零件

a）箱体零件　b）传动齿轮体零件　c）阀体零件　d）气缸套零件

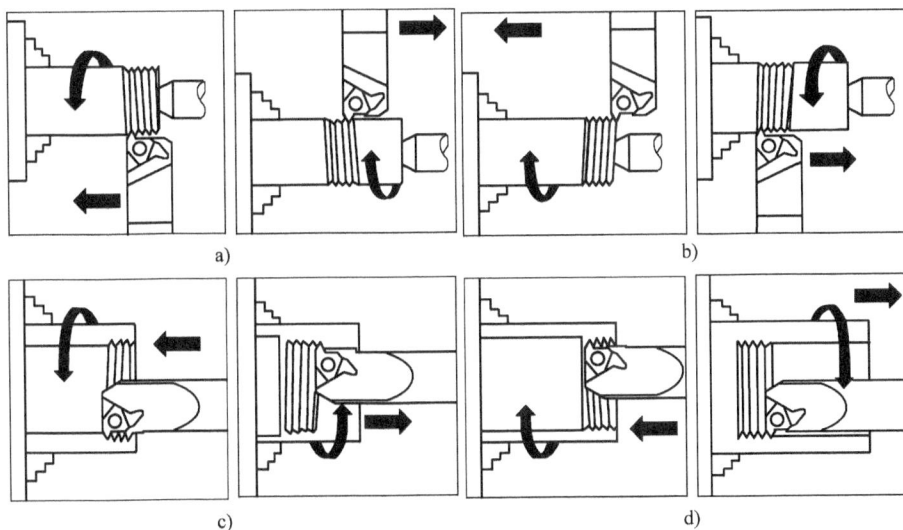

图 1-11　数控车削螺纹

a）右旋外螺纹　b）左旋外螺纹　c）右旋内螺纹　d）左旋内螺纹

用的透镜，现在也可以用数控车床来加工。超精加工的形状公差高于 0.1μm，表面粗糙度值低于 0.02μm。超精车削零件的材质以前主要是金属，现已扩大到塑料和陶瓷。

（3）其他装置

1）数控车床的排屑与润滑系统。常见的排屑装置有平板式排屑装置、刮板式排屑装置和螺旋式排屑装置三种，如图 1-12 所示。

2）数控车床的夹紧装置。如图 1-13 所示，液压卡盘是数控车削加工时夹紧工件的重要附件，对一般回转类零件可采用普通液压卡盘；对零件被夹持部位不是圆柱形的零件，则需要采用专用卡盘；用棒料直接加工零件时需要采用弹簧夹头卡盘，如图 1-14 所示。

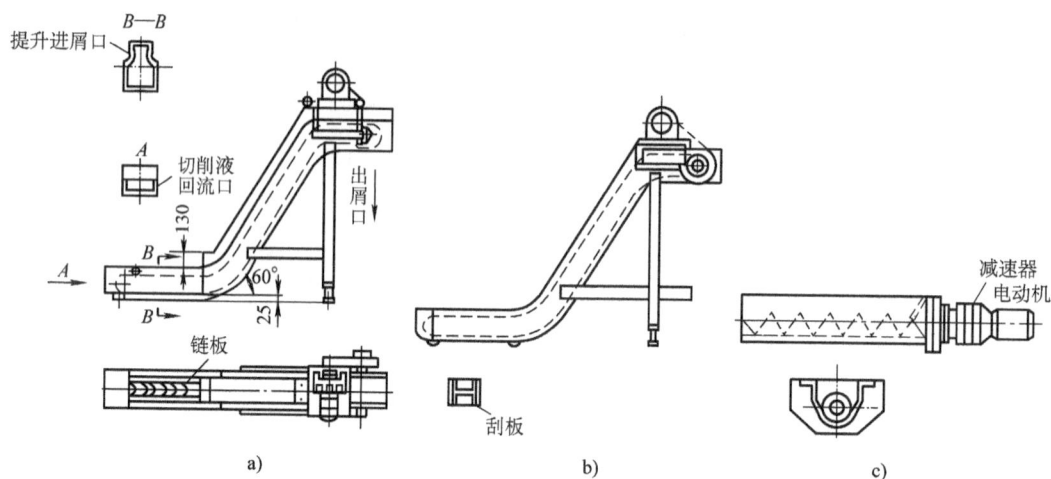

图 1-12　数控车床排屑装置

a）平板式排屑装置　b）刮板式排屑装置　c）螺旋式排屑装置

图 1-13　液压卡盘

图 1-14　弹簧夹头卡盘

3）尾座部分。对轴向尺寸和径向尺寸的比值较大的零件，需要采用安装在液压尾座上的回转顶尖对零件尾端进行支撑，才能保证对零件进行正确的加工。尾座有普通液压尾座和可编程控制液压尾座，如图 1-15 所示。

5. 数控车床的主要功能和特点

（1）**数控车床的主要功能**　不同数控车床的功能是不一样的，但都应具备下面五个主要功能。

1）直线插补功能。

2）圆弧插补功能。

3）固定循环功能。

4）恒线速度切削功能。

5）刀尖圆弧半径自动补偿功能。

图 1-15　可编程控制液压尾座

（2）**数控车床的特点**　数控车床是实现柔性自动化生产的重要设备，与普通车床相比，数控车床的特点见表 1-2 和表 1-3。

表 1-2　数控车床总的方面的特点

特　点	简要说明	备　注
适合于复杂零件的加工	数控车床的最大特点是利用穿孔带可对各相关坐标进行数值控制,几何形状复杂的零件,可利用计算机进行编程,能迅速、方便地得到穿孔带,一般难以用手动操作或非数控车床加工的复杂零件,如凸轮、样板、模具型面、复杂轴、盘、箱体零件等,可用数控车床方便地加工	简易数控车床将许多数控车床的功能进行简化,适合于某些较简单的零件加工
进行批量调整方便,适合于多品种、中小批量柔性自动化生产	数控车床利用穿孔带控制,调整批量时更换穿孔带即可,调整远比非数控车床,如凸轮控制车床、程序控制车床等方便	批量调整快慢取决于工人的技术熟练程度
便于实现信息流自动化,在数控车床基础上,可实现 CIMS(计算机集成制造系统)	数控车床在数字控制上具有突出优点,利用计算机可以实现信息流自动化,从而进一步实现 CIMS	它是在信息技术与自动化技术的基础上,通过计算机技术把分散在产品设计制造过程中的各种孤立的自动化子系统有机地集成起来,形成适用于多品种、小批量生产,实现整体效益的集成化和智能化的制造系统

表 1-3　数控车床结构方面和安装维护方面的特点

特　点	简要说明	备　注
结构方面		
数控车床主轴和进给可自动变速,各坐标可自动定位,机、电、液驱动机构的互相配合十分严格	要求主轴驱动电动机、工作台伺服电动机自动变速,且具有高的快速性、灵敏度,对主轴轴承、床身导轨、驱动电动机、液压和电气控制元件均有严格的技术要求	主轴电动机和伺服电动机的性能严重影响数控车床的水平
安装维护方面		
要求正确的安装,特别对高精度数控车床,尤应重视正确安装,且应严格进行正常维护	数控车床的控制系统复杂,且具有较多的机、电、液、气、电子元件及测量元件等,数控系统有强电、弱电两部分,安装地区、位置比一般非数控车床有更严格的要求。为防止灰尘杂物侵入,温度变化不能剧烈,尤应加强正常维护,对任何故障都应及时修理,否则不能得到良好的经济效果	应有配套的维修队伍和高水平的技术人员与工人,并有充足的备件
车床的驱动、执行、控制三部分,控制较复杂	数控车床的控制部分比非数控车床复杂,没有先进可靠的电子元件和功能齐备的数控系统及计算机技术,无法实现数控车床的优点并使之可靠地工作	数控车床的可靠性和刀具的先进性均十分关键,是数控车床能否可靠用于生产的根本
在总体布局上,要求车床具有足够的刚度、精度,并易于排屑	数控车床加工的自动换刀装置(ATC)和交换工作台(APC)可实现全自动无人化工作,车床可在强力切削下工作,效率高,要求具有足够的刚度、精度和保持性,并易于排除切屑	

6. 数控车床的分类

数控车床的类别很多，通常都以和普通车床相似的方法分类。

1）按数控车床主轴的位置分类。这种分类方法可将数控车床分为立式数控车床和卧式数控车床，如图 1-16 所示。

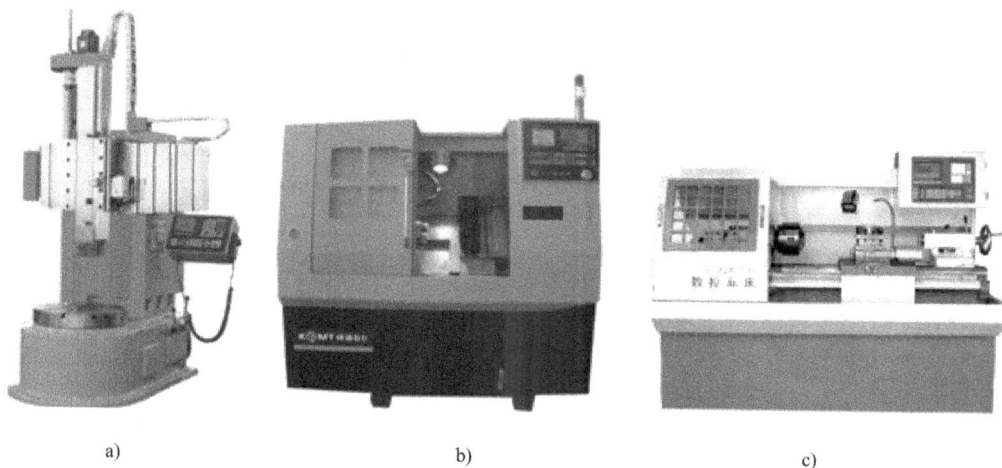

图 1-16 按主轴位置分类

a）立式数控车床 b）卧式倾斜导轨数控车床 c）卧式水平导轨数控车床

立式数控车床的主轴垂直于水平面，并有一个直径很大的圆形工作台，用来装夹零件，主要用于加工径向尺寸较大、轴向尺寸相对较小的大型复杂零件。卧式数控车床又分为卧式倾斜导轨数控车床和卧式水平导轨数控车床，倾斜导轨可使数控车床具有更大的刚性，并易于排屑。

2）按刀架数量分类。这种分类方法可将数控车床分为单刀架和双刀架数控车床。

图 1-17 所示是单刀架数控车床。数控车床一般都配置有各种形式的单刀架，如四工位自动转位刀架或多工位转塔式自动转位刀架，如图 1-18 所示。

图 1-17 单刀架数控车床

a)

b)

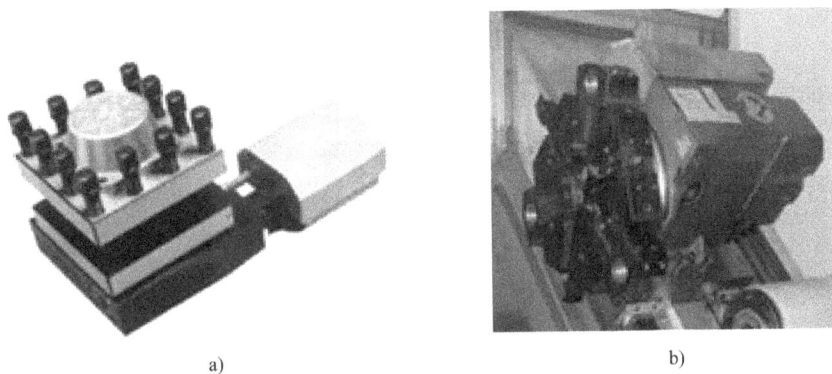

图 1-18　数控车床单刀架

a）四工位自动转位刀架　b）多工位转塔式自动转位刀架

双刀架数控车床的双刀架配置可以是平行分布，如图 1-19 所示；也可以是相互垂直分布，如图 1-20 所示。

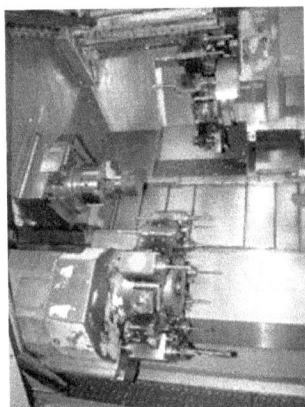

图 1-19　平行分布双刀架数控车床

图 1-20　垂直分布双刀架数控车床

3）按伺服系统的类别分类。数控机床伺服系统的分类实际上是根据其不同的控制方式进行的，即按机床有无检测反馈元件以及检测装置分类。数控车床按伺服系统类别可分为开环伺服数控车床、闭环伺服数控车床、半闭环伺服控制数控车床。

①开环伺服数控车床。如图 1-21 所示，这类车床没有检测反馈装置，它适用于精度和速度要求均不高的场合。其优点是结构简单、成本较低、工作比较稳定、调试使用方便。

②闭环伺服数控车床。如图 1-22 所示，这类数控车床在其运动部件上安装了位移测量

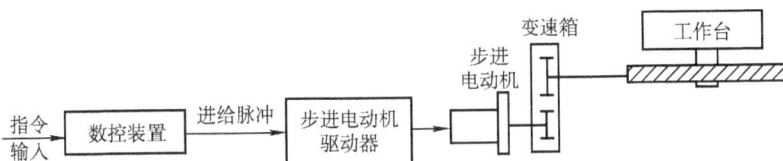

图 1-21　开环伺服系统原理图

13

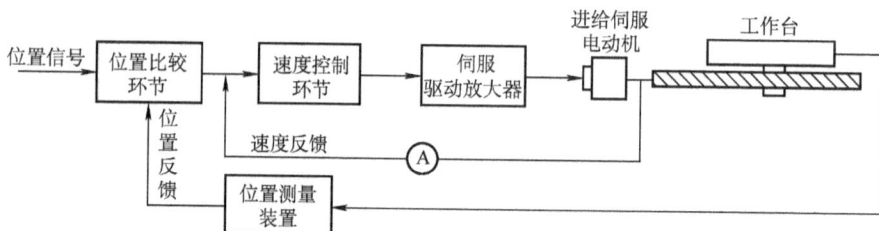

图 1-22 闭环伺服系统原理图

装置，主要由位置比较环节、伺服驱动放大器、进给伺服电动机、机械传动装置和直线位移装置所组成。

③ 半闭环伺服控制数控车床。如图 1-23 所示，大多数的数控车床都采用这种伺服控制，它的控制检测元件安装在电动机或丝杠的端头。这种车床的闭环路内不包括机械传动环节，同时它又采用了如脉冲编码器这样高分辨率的测量元件，因而可获得稳定的控制和较高的精度与速度。

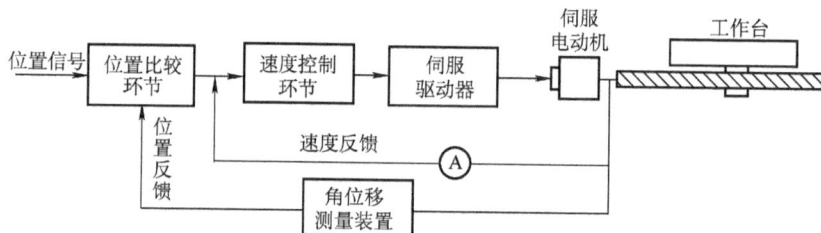

图 1-23 半闭环伺服系统原理图

4）按数控系统的功能分类。这种分类方法将数控车床分为四类。

① 经济型数控车床。如图 1-24 所示，它一般采用步进电动机驱动形成开环伺服系统，其控制部分通常采用单板机或单片机来实现，其结构简单，价格低廉。

② 全功能型数控车床。如图 1-25 所示，它一般采用闭环或半闭环控制系统，具有高刚度、高精度和高效率等优点。

③ 车削中心。如图 1-26 所示，它在普通数控车床的基础上增加了 C 轴和动力头，更高级的还带有刀库、换刀装置、分度装置、铣削动力头和机械手等，以实现多工序、多部位的复合加工。

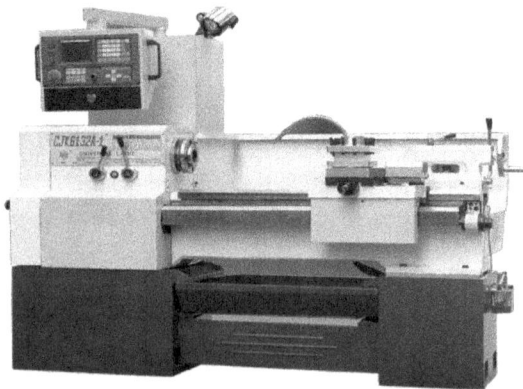

图 1-24 经济型数控车床

④ FMC 车床。如图 1-27 所示，它实际上是一个由数控车床、机器人等构成的柔性加工单元。它能实现工件的自动搬运、装卸和加工调整准备的自动化。

图 1-25　全功能型数控车床

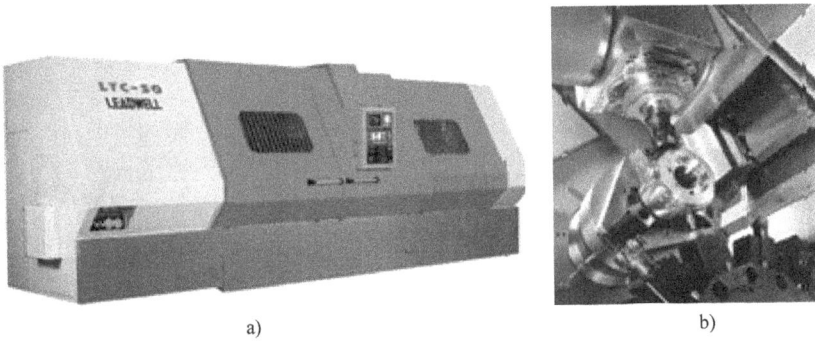

a)

b)

图 1-26　车削中心

a）外形　b）内部

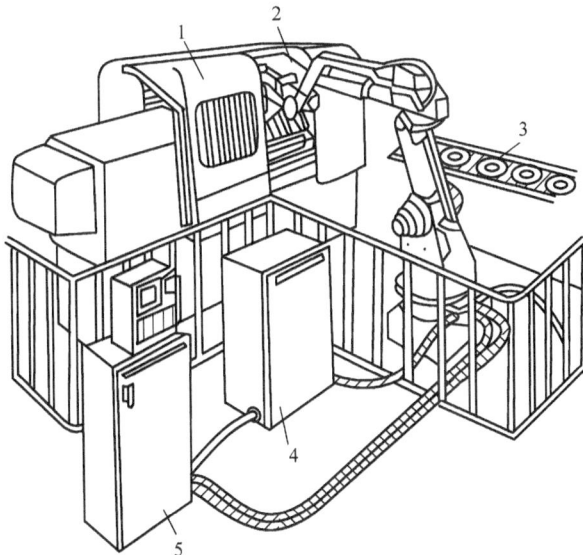

图 1-27　FMC 车床

1—数控车床　2—卡爪　3—工件　4—NC 控制柜　5—机械手控制柜

5）按数控车床的主轴数量分类。可将数控车床分为单主轴和多主轴数控车床。

与普通车床一样，大部分数控车床都是一个主轴的，如图 1-28 所示。但因加工需要，有的数控车床采用了多主轴结构，如图 1-29 所示。

7. 数控车床的布局

（1）影响数控车床布局的因素 数控车床的布局形式与普通车床基本一致，但也受多种因素的影响。

1）工件尺寸、质量和形状的影响。随着工件尺寸、质量和形状的变化，数控车床的布局有卧式车床、落地车床、单柱立式车床、双柱立式车床和龙门移动式立式车床的区别，如图 1-30 所示。

图 1-28 单主轴数控车床

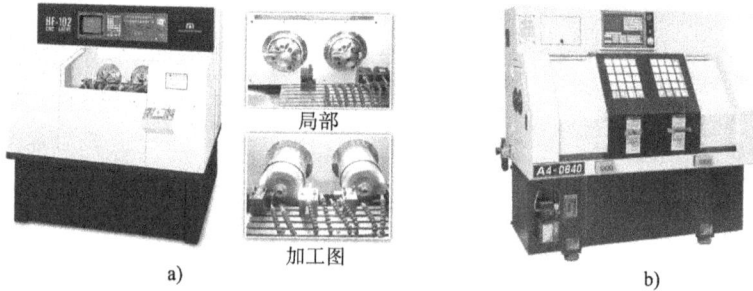

图 1-29 多主轴数控车床
a）双主轴数控车床 b）四主轴数控车床

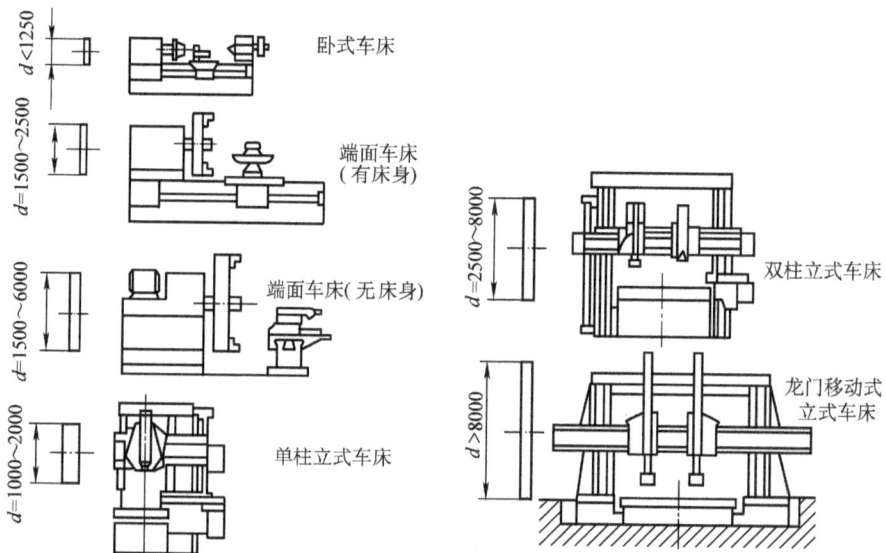

图 1-30 工件尺寸、质量和形状对车床布局的影响

16

2）车床精度的影响。为提高车床的加工精度，降低车床工作时切削力、切削热和切削振动对其自身的影响，在布局时就必须考虑数控车床各部件的刚度、抗振性和热变形敏感性等问题，否则，对加工尺寸会造成一定的影响。

图 1-31 所示为卧式车床主轴箱热变形时，因刀架的位置不同，导致对尺寸的影响也不同。

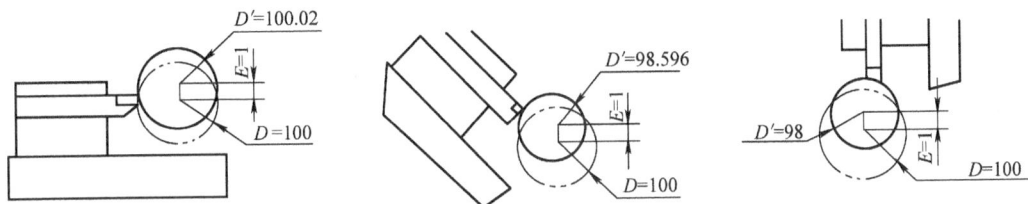

图 1-31 主轴箱热变形对加工尺寸的影响

3）车床生产率的影响。伴随着生产率要求的不同，数控车床的布局可以产生单主轴单刀架和双主轴单刀架，以及双主轴双刀架等不同的结构变化。图 1-32 所示是数控车床系列布局图。

（2）床身和导轨的布局 数控车床床身和导轨水平面的相对位置如图 1-33 所示。

TT25	TM25	TM25Y
NC4 轴	NC5 轴	NC6 轴
·多刀平衡车削	·铣削 ·动力刀具	·上刀架有 Y 轴 ATC 和动力刀具
TT25S	TM25S	TM25YS
NC5 轴	NC6 轴	NC8 轴
·尾座换为第 2 主轴	·尾座换为第 2 主轴	·尾座换为第 2 主轴
·1 台机床上完成工序的全部加工 ·附上下料装置可完成无人加工		·第 1 主轴送棒料 ·第 2 主轴拉棒料可完成无人加工

图中，车 指数控车床车削加工系列的布局；VDI刀架或动力刀架等的运动关系

图 1-32 数控车床系列布局图

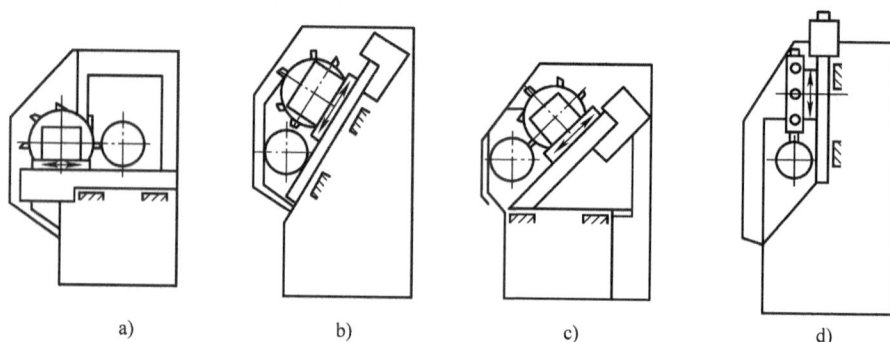

图 1-33　数控车床的床身和导轨布局
a）水平式　b）斜床身斜置式　c）水平床身斜置式　d）直立式

对于大型数控车床或小型精密数控车床，一般都采用水平式布局，这是因为这种布局的车床工艺性好，便于导轨面的加工，同时也能提高刀架运动精度。但由于刀架水平放置，使得滑板横向尺寸较大，从而也使得车床宽度尺寸加大。另外，由于床身下部空间小，所以排屑困难。对于一般的小型数控车床，为了排屑的方便性，多采用斜置式，其导轨倾斜角度分别为30°、45°、60°、75°等。当导轨倾斜角度为90°时，称为直立式。倾斜角度的大小直接影响着车床外形尺寸高度与宽度的比例。

图1-33b、c所示虽均为斜置式，但两者也是有一定区别的，图1-33b所示为斜床身斜滑板布局，图1-33c所示为水平床身斜滑板布局。这两种布局形式的优点是：排屑容易，热切屑不会堆积于导轨上，便于安装自动排屑器，易于安装机械手以实现单机自动化，使用操作方便，车床占地面积较小，容易实现封闭式防护。

（3）**刀架的布局**　刀架是数控车床的重要部件，分为排式刀架和回转刀架两大类，它对车床的整体布局有很大的影响。回转刀架多用于二坐标轴控制的数控车床上，其回转轴与车床主轴有两种位置：一种是平行，用于加工轴类和盘类零件；另一种是垂直，用于加工盘类零件。对于四坐标轴控制的数控车床，床身上安装有两个独立的滑板和回转刀架，这种结构的车床又称为双刀架四坐标数控车床。这种结构加工范围广，能大大提高加工效率，其每个刀架的切削进给量是分别控制的，这样就可同时切削同一零件的不同部位，适合于加工如曲轴、石油钻头、飞机零件等形状复杂、批量较大的零件。

8. 常用数控系统简介

（1）**FANUC 数控系统**　FANUC 公司生产的较有代表性的数控系统是 F6 和 F11。FANUC 数控系统中的 F0/F00/F0i Mate 系列和 FANUC 0i 系列是目前中国市场上应用较广泛的系统。FANUC 0i Mate 系列最大控制轴数为 3 轴，FANUC 0i-C 数控系统最大控制轴数为 4 轴。F0i 系统采用总线技术，增加了网络功能，并采用了"闪存"（FLASH ROM），可以通过 Remote buffer 接口与 PC 相连，由 PC 控制加工，实现信息传递，系统间也可以通过 I/O Link 总线相连。F0 Mate 是 F0 系列的派生产品，与 F0 相比是结构更为紧凑的经济型数控装置。

（2）**SINUMERIK 数控系统**　西门子公司生产的数控系统包括 SINUMERIK810 系统、

820 系统、850 系统、880 系统、805 系统、8400 系统及全数字化的 840Di 系统，另外还在中国市场上推出了 802 系列数控系统。

　　SINUMERIK 840Di 数控系统是一个基于 PC 的、全 PC 集成的控制系统。这种基于工业 PC 的现代控制系统正越来越多地被用于数控机床中。配以 Windows XP 操作系统的控制系统具有开放和灵活的软、硬件平台，方便用户的使用与二次开发。该系统的应用领域包括制作木制品、玻璃、包装、贴片机、压力机、弯曲机，以及各种机床和类似机床的机械。除了高度的软、硬件开放性，SINUMERIK 840Di 系统的显著特点是 CNC 控制功能与 MDI 功能都在 PC 处理器上运行，这样可以省略传统控制系统中所需的 NC 处理单元。这种控制系统大量采用标准化印制电路板和电气部件。

　　（3）**其他数控系统**　常见数控系统还有德国的 HEIDENHAIN、法国的 NUM、美国的 AB、西班牙的 FAGOR 等。

　　国产自主开发的数控系统有华中科技大学的华中Ⅰ型系统、华中Ⅱ型系统，中国科学院沈阳计算机所的蓝天Ⅰ型系统，北京航天数控系统有限公司的航天Ⅰ型系统，中国珠峰数控公司的中华Ⅰ型系统等。

训练拓展

知识训练

一、填空题

1. 数控车床一般由 ＿＿＿＿＿、＿＿＿＿＿、＿＿＿＿＿、＿＿＿＿＿、＿＿＿＿＿、＿＿＿＿＿、＿＿＿＿＿、排屑器、防护罩等组成。

2. 数控装置是数控系统的核心部件，一般由 ＿＿＿＿＿、＿＿＿＿＿、＿＿＿＿＿、＿＿＿＿＿、＿＿＿＿＿、＿＿＿＿＿等组成。

3. 常用的排屑装置有＿＿＿＿＿排屑装置、＿＿＿＿＿排屑装置、＿＿＿＿＿排屑装置三种。

4. 按数控车床主轴的位置可将数控车床分为＿＿＿＿＿和＿＿＿＿＿。

5. 常用数控车床的刀架可分为＿＿＿＿＿、＿＿＿＿＿、＿＿＿＿＿三种。

6. 按数控伺服系统的类别可将数控车床分为＿＿＿＿＿数控车床、＿＿＿＿＿数控车床、＿＿＿＿＿数控车床。

二、简答题

1. 数控车床对进给系统的性能有何要求？
2. 数控车床适合于加工哪些零件？
3. 数控车床的主要功能有哪些？
4. 影响数控车床布局的因素有哪些？

能力训练

　　要求：利用网络等渠道搜索数控车床的结构、加工等信息、视频，并发至班级学习微信群。

数控车削加工工艺

数控车削加工工艺是指以普通车削加工工艺为基础，结合数控车床的特点，综合运用多方面的知识解决数控车削加工过程中所要处理的工艺问题。其内容包括金属切削原理，刀具、夹具等方面的基础知识和基本原则。

学习目标

知识目标

1) 熟悉数控车削加工工艺文件所包含的内容。

2) 熟练掌握数控车削加工工艺分析过程。

3) 掌握数控车削用刀具及其选用方法。

4) 掌握可转位刀片的代号含义。

能力目标

1) 掌握常用切削用量的选择原则。

2) 完成能力训练图样一（图 2-30）的数控加工工艺分析。

学习方式与评价

1) 以理论（+微课视频）+实训为主进行讲解。

2) 分工合作。根据小组成员分工的明确性、任务分配的合理性以及小组分工的职责明细表进行量化评价。

3) 基本知识分析讨论。根据小组讨论的热烈度、概念的准确性、逻辑性做出量化评价。

学习内容

1. 数控车削加工工艺概述

数控车削加工工艺设计是进行数控加工的前期准备工作，是编写程序的理论依据，数控加工工艺的合理制订对保证零件的加工质量、提高生产率与降低加工成本有着很大的帮助。

（1）数控车削加工工艺的基本特点　在许多方面，数控车削加工与普通车削加工一样，都遵循一致的加工基本原则，但数控车削加工自动化程度高、控制功能强、设备费用高，也因此形成了数控车削加工工艺自身相应的独特特点。其具体内容为：

1) 加工工艺内容的制订与操作十分严密。受操作技术工人自己的习惯与经验的制约，普通车削加工时，其切削用量的选用、进给路线的确定以及加工工序的工步都由操作者自己掌控，即便是技术人员在设计工艺过程时有相应的规定，操作者也不一定会按照工艺规定操作，因而普通车削加工工艺规程实际上就是一个工艺过程卡。但在数控车削加工中，其具体的工艺问题与细节就不能随意了，它必须由编程技术人员事先设计和安排好。编程技术人员除了要具备扎实的工艺基础知识和丰富的实践经验外，还应有细致与严谨的工作作风。

2) 加工工艺内容十分具体。数控加工的程序是数控车床的指令性文件，数控车削加工的全部过程都在程序的指令控制作用下自动进行。整体设计数控车削加工工艺时会考虑车床的工艺刚性和零件的制造精度，由于其传动与重复定位系统精度极高，以及加工过程中自动检测和误差补偿等功能的发挥，保证了零件在加工过程中的加工精度与尺寸稳定性。

3) 数控加工工艺的制订必须具有连续性与可操作性。与普通车削加工不同，数控车床加工装夹次数相对较少，能在一次装夹中加工出多个表面，特别是在加工复杂零件时，其净加工时间能比普通车削加工有效提高 50% 左右。数控车削加工程序的运行不能像普通车削一样具有随意性，它必须考虑刀路的有效与最短运行路程，不能像普通车削一样可按经验进给走刀。

(2) 数控车削加工工艺的主要内容　在数控车床上加工零件，首先要考虑的是加工工艺问题。数控车削加工工艺与普通车削加工工艺基本相似，只是数控车削加工的零件相对于普通车削加工的零件要复杂得多，而且数控车床具备一些普通车床所不具备的功能。为了充分发挥数控车床的优势，必须熟悉其性能、掌握其特点及使用方法，并在编程前正确地制订出加工工艺方案，进行工艺设计并优化。数控车削加工工艺内容较多，概括起来主要有：

1) 选择适合在数控车床上加工的零件，确定工序内容。

2) 分析被加工零件的图样，明确加工内容及技术要求。

3) 确定零件的加工方案，制订数控加工工艺路线，如划分工序、安排加工顺序、处理与非数控加工工序的衔接等。

4) 加工工序的设计，如选取零件的定位基准、确定装夹方案、划分工步、选择刀具和确定切削用量等。

5) 确定各工序的加工余量，计算工序尺寸及公差。

6) 数控加工程序的编制及调整。

7) 数控加工专用技术文件的编写。

2. 数控加工工艺文件

将工艺规程的内容填入一定格式的卡片中，用于生产准备、工艺管理和指导技术工人操作等的各种技术文件，称为工艺文件。它是编制生产计划、调整劳动组织、安排物资供应、指导技术工人加工操作及技术检验等的重要依据。编写数控加工技术文件是数控加工工艺设计的内容之一。这些文件既是数控加工和产品验收的依据，也是操作者需要严格遵守和执行的规程。数控加工工艺文件还是加工程序的具体说明或附加说明，其目的是让操作者更加明确程序的内容、安装与定位方式、各加工部位所选用的刀具及其他需要说明的事项，以保证程序正确运行。

　　数控加工工艺文件主要包括数控加工工序卡、数控刀具调整单、机床调整单、零件数控加工程序单等。这些文件目前还没有一个统一的国家标准，各企业可根据本单位的特点制订上述工艺文件。

　　（1）**数控加工编程任务书**　见表2-1，数控加工编程任务书记载并说明了工程技术人员对数控加工工序的技术要求、工序说明以及数控加工前应保证的加工余量，它是程序编写技术人员与工艺制订技术人员协调加工工作和编制数控加工程序的重要依据之一。

表 2-1　数控加工编程任务书

年　　月　　日

××××× 工程技术部	数控加工编程任务书	产品零件图号		任务书编号	
		零件名称			
		数控设备		共　页第　页	

主要工序说明及技术要求

1. ×××××××××
2. ×××××××××

编程收到日期		经手		批准	
编制		审核		编程	审核	批准	

　　（2）**数控加工工序卡**　数控加工工序卡与普通加工工序卡有许多相似之处，但也有不同。不同的是数控加工工序卡中应反映使用的辅具、刀具切削参数、切削液等。它是操作技术人员编制数控程序，进行数控加工的主要指导性工艺资料，应按已确定的工步顺序填写，见表2-2。

表 2-2　数控加工工序卡

××××× 工艺序号	数控加工工序卡 程序编号	产品名称或代号 夹具名称	零件名称 夹具编号	零件图号 使用设备	车间

工步号	工步内容	加工面	刀具号	刀具规格	主轴转速/(r/min)	进给速度/(mm/min)	背吃刀量/mm	备注
1								
2								
3								
4								
5								
…								

编制		审核		批准		共　页	第　页

　　若在数控车床上只加工零件的第一个工步，也可不填写数控加工工序卡。在工序加工内容不十分复杂时，可将零件草图反映在数控加工工序卡上，如图2-1所示的轴承套零件。

　　1）零件图样分析：

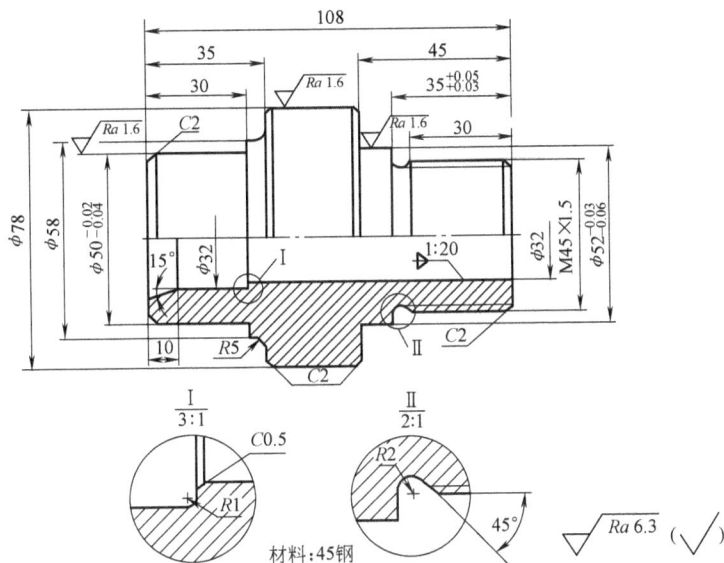

图 2-1　轴承套

① 该零件由内外圆柱面、内圆锥面、圆弧面与外螺纹等表面组成。

② 其中多个直径尺寸与轴向尺寸有较高的尺寸精度和表面质量要求。

③ 零件材料为 45 钢，其可加工性较好，无需热处理和硬度要求。

2）轴承套数控加工工序卡见表 2-3。

表 2-3　轴承套数控加工工序卡

××××	数控加工工序卡		产品名称或代号		零件名称		零件图号	
					轴承套			
工艺序号	程序编号	夹具名称	夹具编号		使用设备		车间	
001		自定心卡盘			FANUC		数控中心	
工步号	工步内容		刀具号	刀具规格 /mm	主轴转速 /(r/min)	进给速度 /(mm/min)	背吃刀量 /mm	备注
1	车端面		T01	25×25	320		1	手动
2	钻 A3 中心孔		T02	A3	950		1.5	手动
3	钻底孔		T03	φ26	200		13	手动
4	粗镗 φ32mm 内孔、15° 斜面及 C0.5 倒角		T04	20×20	320	40	0.8	自动
5	精镗 φ32mm 内孔、15° 斜面及 C0.5 倒角		T04	20×20	400	25	0.2	自动
6	调头装夹粗镗 1∶20 锥孔		T04	20×20	320	40	0.8	自动
7	精镗 1∶20 锥孔		T04	20×20	400	20	0.2	自动
8	心轴装夹，从右至左粗车外轮廓		T05	25×25	320	40	1	自动
9	从左至右粗车外轮廓		T06	25×25	320	40	1	自动
10	从右至左精车外轮廓		T05	25×25	400	20	0.1	自动
11	从左至右精车外轮廓		T06	25×25	400	20	0.1	自动
12	卸心轴，改为自定心卡盘装夹，粗车 M45 螺纹		T07	25×25	320	480	0.4	自动
13	精车 M45 螺纹		T07	25×25	320	480	0.1	自动
编制		审核		批准			共　页	第　页

（3）**数控加工进给路线图**　在数控加工中，特别要防止刀具在运行中与夹具、零件等发生碰撞，为此加工工艺文件中应包含关于程序中的刀具进给路线图。

为了简化进给路线图，一般采用统一约定的符号，不同的机床可以采用不同的图例与格式，见表2-4和表2-5。

表2-4　数控加工进给路线图（一）

×××××	数控加工刀具进给路线图		比例	共　页
				第　页
零件图号		零件名称		
程序编号		机床型号		
刀　号				
刀具直径/mm		加工要求说明		
直径补偿/mm				
刀具长度/mm				
运动坐标点坐标		加工零件图样		
第一点				
第二点				
…				
编程员		审核		日期

表2-5　数控加工进给路线图（二）

刀具进给路线图	零件图号		工序号		工步号	
程序编号		设备型号		程序段号		加工内容

加工零件图样

符号						
含义						
编程		核对		审核		共　页　　第　页

（4）**数控刀具调整单**　数控刀具调整单主要包括数控刀具卡片与数控刀具明细表。

数控加工对刀具的要求十分严格，一般要在机外对刀仪上事先调整好刀具直径和长度。数控刀具卡片主要反映刀具编号、刀具结构、尾柄规格、组合件名称代号、刀片型号和牌号等，见表2-6。它是组装刀具和调整刀具的合理依据。

数控刀具明细表是调刀人员调整刀具输入的主要依据，见表2-7。

表 2-6　数控刀具卡片

零件图号			数控刀具卡片					使用设备	
刀具名称									
刀具编号			换刀方式		程序编号				
刀具组成	序号	编号	刀具名称	刀具型号	刀片		刀柄型号	备注	
					型号	牌号			
	1								
	2								
	3								
	4								
	5								

刀具组成外形图

备注							
编制		审核		批准		共　页	第　页

表 2-7　数控刀具明细表

零件图号	零件名称	材料	数控刀具明细表			程序编号	车间	使用设备
刀号	刀位号	刀具名称	刀具图号	刀具		刀补地址	换刀方式	加工部位
				直径/mm	长度/mm			
				设定 补偿	设定	直径 长度	自动/手动	
编制		审核		批准		年　月　日	共　页	第　页

（5）**机床调整单**　机床调整单是机床操作人员在加工前调整机床的依据，主要包括机

床控制面板开关调整单，见表2-8。

表2-8　数控机床调整单

零件号		零件名称		工序号		制表	
F-位码调整旋钮							
F1		F2		F3		F4		F5	
F6		F7		F8		F9		F10	

F1		F2		F3		F4		F5	
F6		F7		F8		F9		F10	

刀具补偿拨盘			
1		6	
2		7	
3		8	
4		9	
5		10	

各轴切削开关位置			
X			
		Z	
垂直校验开关位置			
工件冷却			

（6）**零件安装和零点设定卡片**　数控加工零件安装和零点设定卡片标明了数控加工零件的定位与夹紧方法以及零件零点设定的位置和坐标方向，还有使用夹具的名称和编号等，其格式见表2-9。

表2-9　零件安装和零点设定卡片

零件图号		零件安装和零点设定卡片	工序号	
零件名称			装夹次数	
零件加工图样				
			...	
			4	
			3	
			2	
编制	审核	批准	共　页	1
			第　页	序号	夹具名称	夹具编号

（7）**零件数控加工程序单**　数控加工程序单是编程技术人员根据零件工艺分析情况，经过数值计算，按照机床设备特定的指令代码编制的。因此，对加工程序进行详细说明是必要的，特别是某些需要长期保存和使用的程序。根据实践，其说明内容一般有：

1）数控加工工艺过程。

2）工艺参数。

3）位移数据的清单及手动输入（MDI）和制备控制介质。

4）对程序中编入的子程序应说明其内容。

5）其他需要特殊说明的问题。

3. 数控车削加工工艺的制订

制订加工工艺是数控车削加工的前期工艺准备工作。工艺制订是否合理，对程序编制、机床加工的效率和零件的加工精度等都有重要影响。因此，制订数控车削加工工艺除应遵循一般机械加工工艺基本原则外，还要结合数控车床的特点，尤其应考虑零件的工艺性，分析夹具、刀具和切削用量的选择，确定刀具、进给路线等方面的问题。

（1）**零件的工艺性分析**　零件的工艺性分析是数控车削加工工艺制订的首要工作，主要包括以下内容。

1）零件结构工艺性分析。零件的结构工艺性是指零件对加工方法的适应性，即所设计的零件结构应便于加工成形，也就是根据数控车削加工的特点来审视零件结构的合理性。

例如图 2-2a 所示的零件，需要用三把不同宽度的车槽刀，如果没有什么特殊的需要，这显然是不合理的。但若改成图 2-2b 所示的结构，就只需要一把车槽刀便可加工出三个槽来，这既减少了刀具的数量，又少占用了刀架刀位，节省了时间。因此，在进行零件结构分析时，如果发现类似问题，可向技术设计人员提出自己的修改意见。

a)　　　　　　　　　　　　　　　　b)

图 2-2　零件结构工艺性示例

a）不合理　b）合理

2）轮廓几何要素分析。在手工编程时，要计算每个基点的坐标，在自动编程时，要对构成零件轮廓的所有几何元素进行定义，因而在分析零件图时，要分析几何元素的给定条件是否充分。由于设计等多方面的原因，图样上会出现构成加工轮廓的条件不充分、尺寸模糊不清或尺寸封闭等缺陷，增加了编程时工作的难度，甚至无法编程。

① 几何缺陷一。图样上漏掉某尺寸，使其几何条件不充分，影响图样轮廓的构成，使图样上给定的几何条件自相矛盾。例如，图 2-3 所示的图样中漏掉了倒角尺寸，且图样所标示出的各段长度之和不等于其总长尺寸（由于 $SR5$ 与 $\phi12$ 的混淆）。

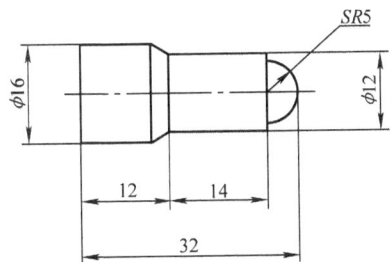

图 2-3　几何缺陷一示例

27

② 几何缺陷二。图样上的图线位置模糊或尺寸标注不清，使编程工作无从下手。如图 2-4a 所示两圆弧的圆心位置是不确定的，不同的理解将得到完全不同的结果。再如图 2-4b 所示圆弧与斜线的关系要求为相切，但经仔细计算后却为相交（割）关系，而并非相切。

③ 几何缺陷三。图样上所给定的几何条件不合理，造成数学处理困难。

④ 几何缺陷四。图样上所给定几何条件造成尺寸链封闭，这不仅给数学处理造成困难，还可能产生不必要的计算误差。例如，图 2-5 所示的图样中圆锥体的各构成尺寸形成封闭尺寸链。

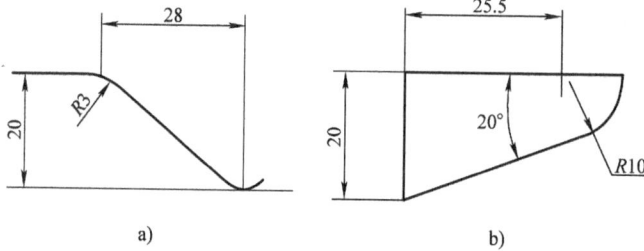

图 2-4　几何缺陷二示例

a）圆心位置不确定　b）几何关系错误

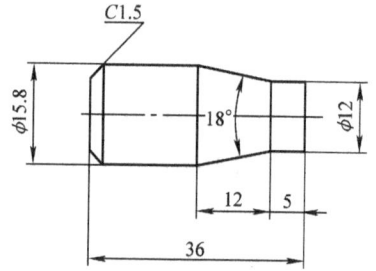

图 2-5　几何缺陷四示例

发生以上各项缺陷时，应向图样的设计人员或技术管理人员反映，解决后方可进行程序编制工作，如图 2-6a～d 所示分别表示对图 2-3～图 2-5 所示缺陷进行处理后的结果。

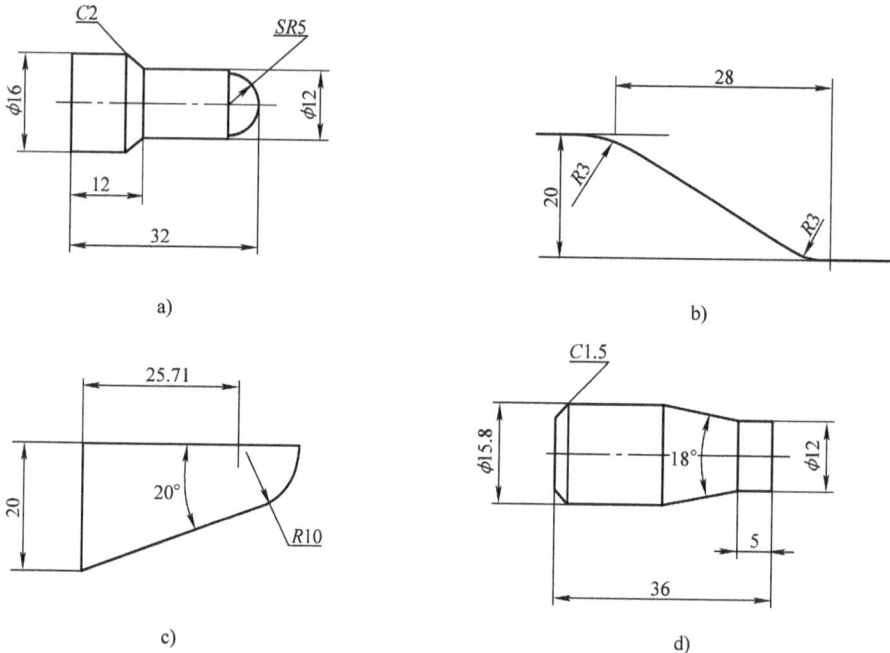

图 2-6　几何缺陷处理结果示例

3）精度与技术要求。对被加工零件的精度及技术要求进行分析是零件工艺性分析的重要内容，只有在分析零件尺寸公差和表面粗糙度及几何公差等的基础上，才能对加工方法、装夹方式、刀具及切削用量进行正确而合理的选择。

① 尺寸公差要求。分析零件图样（图 2-7 所示轴的零件图）的公差要求，以确定控制其尺寸公差的加工工艺（如刀具选择及确定其切削用量等）。

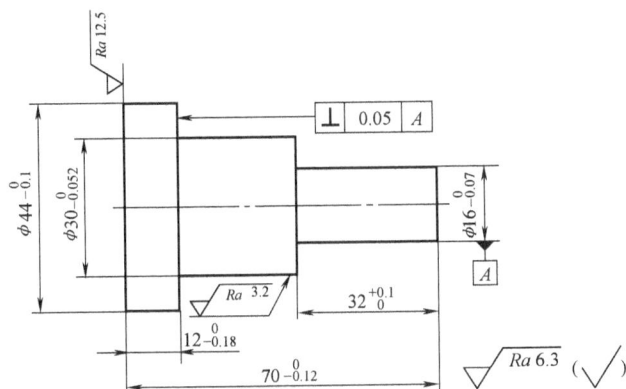

图 2-7　图样要求

在该项分析过程中，还可以同时进行一些编程尺寸的简单换算，如增量尺寸与绝对尺寸及尺寸链解算等。在数控车削实践中，常常对零件尺寸取其上、下极限尺寸的平均值（图 2-7、图 2-8）作为编程的尺寸依据。

② 几何公差要求。图样上给定的几何公差是保证零件精度的重要要求。在工艺准备过程中，除了按其要求确定零件的定位基准和检测基准，并满足其设计基准的规定外，还可以根据机床的特殊需要进行一些技术性处理，以便有效地控制其几何误差。

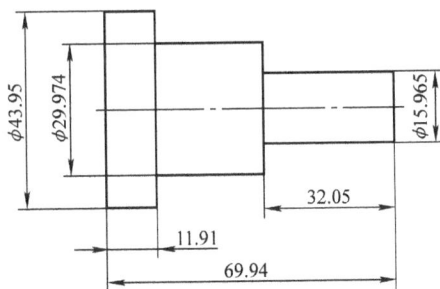

图 2-8　取中间值后的尺寸

对于数控车削加工，零件的几何误差主要受车床机械运动副精度的影响，如沿 Z 坐标轴运动的方向线与其主轴轴线不平行时，则无法保证圆柱度这一形状公差要求；又如沿 X 坐标轴运动的方向线与其主轴轴线不垂直时，则无法保证如图 2-7 所示的垂直度这一位置公差要求。对上述情况，如果无法提高机床精度，则可在工艺准备工作中，考虑进行技术性处理。

③ 表面粗糙度要求。表面粗糙度是保证零件表面微观精度的重要要求，也是合理选择机床、刀具及确定切削用量的重要依据。

④ 材料与热处理要求。图样上给出的零件材料与热处理要求是选择刀具（材料、几何参数及寿命）和选择机床型号及确定有关切削用量等的重要依据。

⑤ 毛坯要求。零件的毛坯要求主要指对坯件形状和尺寸的要求，如棒材、管材或铸、锻坯件的形状及其尺寸等。分析上述要求，对确定数控机床的加工工序，选择机床型号和刀具材料有重要意义。

⑥ 加工件数要求。零件的加工件数对装夹与定位、刀具选择、工序安排及进给路线的确定等都是不可忽视的内容。

（2）确定刀具的进给路线

1）进给路线的确定原则。在数控加工中，刀具刀位点（图 2-9）相对于零件的运动轨迹称为进给路线。

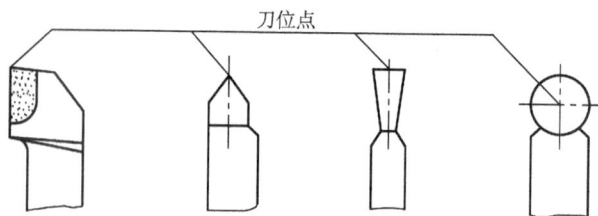

刀位点

图 2-9 车刀的刀位点

编程时加工进给路线的确定原则为：

① 进给路线应保证被加工零件的精度和表面粗糙度要求，且效率较高。

② 使数值计算简便，以减少编程工作量。

③ 应使加工路线最短，这样既可减少程序段，又可减少空刀时间。

2）进给路线的设计方法。确定进给路线的工作重点，主要在于确定粗加工及空行程的进给路线，因为精加工切削过程的进给基本上都是沿零件轮廓顺序进行的。在保证加工质量的前提下使加工程序具有最短的进给路线，不仅可以节省整个加工过程的执行时间，还能减少一些不必要的刀具消耗及机床进给机构滑动部件的磨损等。实现最短的进给路线，除了依靠大量的实践经验外，还应善于分析，必要时可借助一些简单计算。

① 最短空行程路线，包括三个方面的内容。

a. 巧用起刀点。图 2-10 所示为采用矩形循环方式进行粗车的一般情况示例，其对刀点 A 的设定考虑到粗车等加工过程中需方便地换刀，故设置在离坯件较远的位置，同时将起刀点与其对刀点重合在一起，按三刀粗车的进给路线安排为：

第一刀：A→B→C→D→A；

第二刀：A→E→F→G→A；

第三刀：A→H→I→J→A。

b. 巧设换刀点。为了安全起见，换刀点离坯件较远，但换第二把刀后，进行精车时的空行程路线必然会增长，如果将第二把刀的换刀点设置为如图 2-11 所示的 B 点，则可缩短空行程。

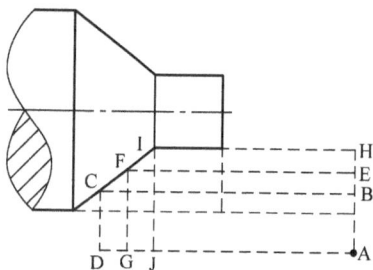

图 2-10 巧用起刀点

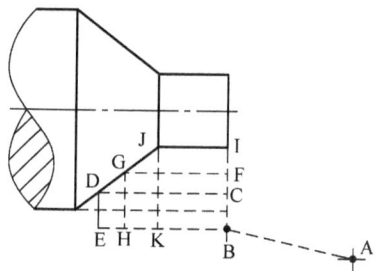

图 2-11 巧设换刀点

c. 合理安排回零路线。在安排回零路线时，应使其前一刀终点与后一刀起点间的距离尽量小一些或者为零，即可满足进给路线为最短的要求。

② 最短空行程的切削进给路线。在安排粗加工或半精加工的切削加工进给路线时，应同时考虑被加工零件的刚性与加工工艺性要求。另外，在确定加工路线时，还要考虑工件的加工余量和车床、刀具的刚度等情况，以用来确定是用一次进给还是分多次进给来完成零件

的加工。

点位数控机床是按空行程来安排进给路线的，因此只要求定位精度高、定位过程快，而刀具相对于零件的运动路线是无关紧要的。当然对于孔加工零件，也应考虑刀具轴向的运动尺寸，其大小主要是由被加工零件的孔深来决定的，而对于刀具引入的距离和超越量也是要考虑的因素。

如图 2-12 所示，在数控车床上车削螺纹时，沿螺距方向的进给应与车床主轴的旋转保持严格的速比关系，因此应避免在进给机构加速或减速过程中切削，为此要有引入距离（升速进刀段）δ_1 和超越距离（降速退刀段）δ_2。δ_1 和 δ_2 的数值与车床拖动系统的动态特性有关，与螺纹的螺距和螺纹的精度有关，一般 δ_1 为 $2 \sim 5mm$，对大螺距和高精度的螺纹取大值；δ_2 一般取 δ_1 的 1/4 左右。若螺纹收尾处没有退刀槽，收尾处的形状与数控系统有关，一般按 45° 退刀收尾。

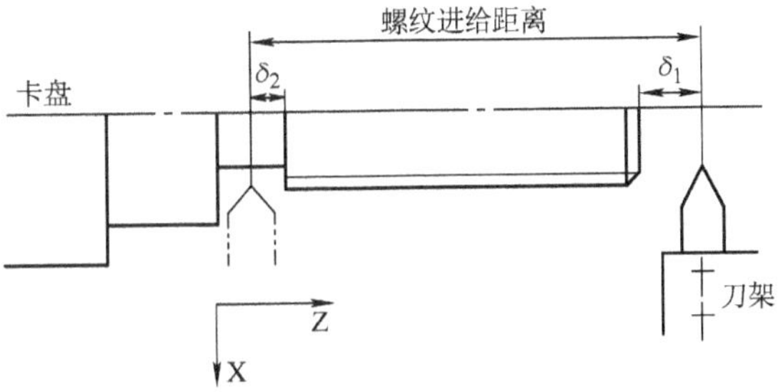

图 2-12 车削螺纹时的引入距离

（3）加工阶段的划分 划分加工阶段的目的是为了保证加工质量、合理使用设备，便于及时发现毛坯缺陷及便于安排热处理工序。

加工阶段的划分不是绝对的，应根据零件的加工精度要求、结构特点等多个影响因素来进行划分。对加工质量要求不高、工件刚性好、毛坯精度高、加工余量少的工件，可不必划分加工阶段；而对于刚性好的重型工件，由于装夹等原因，也要求在一次装夹中完成全部加工。

当零件的加工质量要求较高时，往往不可能用一道工序来满足其要求，而要用几道工序逐步达到所要求的加工质量。为保证加工质量和合理地使用设备、人力，零件的加工过程按工序性质不同，可分为粗加工、半精加工、精加工和光整加工四个阶段。

1）粗加工阶段。其任务是切除毛坯上大部分多余的金属，使毛坯在形状和尺寸上接近零件成品，因此其主要的目标是提高生产率。

2）半精加工阶段。其任务是使主要表面达到一定的精度，留有一定的精加工余量，为主要表面的精加工做好准备，并可完成一些次要表面的加工，如扩孔、攻螺纹等。

3）精加工阶段。其任务是保证各主要表面达到规定的尺寸精度和表面粗糙度要求，主要的目标是全面保证加工精度要求。

4）光整加工阶段。对零件上精度和表面质量要求很高（IT6 以上，表面粗糙度值为 $Ra0.2\mu m$ 以下）的表面，需进行光整加工，其主要的目标是提高尺寸精度、减小表面粗糙度值，一般不用来提高位置精度。

（4）工序划分原则 在数控车床上加工零件，应按工序集中的原则划分工序，在一次安装下尽可能完成大部分甚至全部表面的加工。根据零件的结构形状不同，通常选择外圆、端面或内孔、端面装夹，并力求设计基准、工艺基准和编程原点统一。

在数控车削加工过程中，由于加工对象复杂多样，特别是轮廓曲线的形状及位置千变万化，加上材料不同、批量不同等多方面因素的影响，在对具体零件制订加工方案时，应该进行具体分析和区别对待，灵活处理。只有这样，才能使所制订的加工方案合理，从而达到质量优、效率高和成本低的目的。

在对零件图进行认真和仔细的分析后，制订加工方案的一般原则为先粗后精，先近后远、先内后外、程序段最少、进给路线最短。

1）先粗后精。为了提高生产率并保证零件的精加工质量，在切削加工时，应先安排粗加工工序，在较短的时间内，将精加工前的大部分加工余量去掉，同时尽量满足精加工的余量均匀性要求。

当粗加工工序安排完后，接着安排换刀后进行的半精加工和精加工工序。其中，安排半精加工工序的目的是：当粗加工后所留余量的均匀性满足不了精加工要求时，可安排半精加工工序作为过渡性工序，以便使精加工余量小而均匀。在安排可以一刀或多刀进行的精加工工序时，零件的最终加工轮廓应由最后一刀连续加工而成。这时，刀具的进、退刀位置要考虑妥当，尽量不要在连续的轮廓中安排切入和切出或换刀及停顿，以免因切削力突然变化而造成弹性变形，致使光滑连接轮廓上产生表面划伤、形状突变或滞留刀痕等瑕疵。

2）先近后远。这里所说的远与近，是按加工部位相对于对刀点的距离大小而言的。在一般情况下，特别是在粗加工时，通常安排离对刀点近的部位先加工，离对刀点远的部位后加工，以便缩短刀具移动距离，减少空行程时间。

3）先内后外。对既有内表面又有外表面的零件，在制订其加工方案时，通常应安排先加工内表面和内腔，后加工外表面。这是因为控制内表面的尺寸和形状较困难，刀具刚性相应较差，刀尖（刃）的使用寿命易因切削热而缩短，且在加工中清除切屑较困难等。

4）程序段最少。按照每个单独的几何要素（直线、斜线和圆弧等）分别编制出相应的加工程序，构成加工程序的各条程序即程序段。在加工程序的编制工作中，总是希望以最少的程序段数即可实现对零件的加工，以使程序简洁，减少出错的概率及提高编程工作的效率。

由于机床数控装置普遍具有直线和圆弧插补运算的功能，除了非圆曲线外，程序段数可以由构成零件的几何要素及由工艺路线确定的各条程序段得到。对于非圆曲线轨迹的加工，所需主程序段数要在保证其加工精度的条件下，进行计算后才能得知。这时，一条非圆曲线应按逼近原理划分成若干个主程序段（大多为直线或圆弧），当能满足其精度要求时，所划分的若干个主程序段的段数仍应为最少，这样不但可以大大减少计算的工作量，而且能减少输入程序的时间及计算机内存容量的占有数。

5）进给路线最短。进给路线泛指刀具从对刀点（或机床固定原点）开始运动，直至返回该点并结束加工程序所经过的路径，包括切削加工的路径及刀具引入、切出等非切削空行程。确定进给路线的工作重点，主要在于确定粗加工及空行程的进给路线，这是因为精加工切削过程的进给路线基本上都是沿零件轮廓顺序进行的。在保证加工质量的前提下，使加工程序具有最短的进给路线，不仅可以节省整个加工过程的执行时间，还能减少一些不必要的刀具消耗及机床进给机构滑动部件的磨损等。

（5）**加工顺序的安排** 在选定加工方法、划分工序后，工艺路线拟订的主要内容就是合理安排这些加工方法和加工工序的顺序。零件的加工工序通常包括切削加工工序、热处理工序和辅助工序（包括表面处理、清洗和检验等）。这些工序的顺序直接影响零件的加工质量、生产率和加工成本。因此，在设计工艺路线时，应合理安排好切削加工、热处理和辅助工序的顺序，并解决好工序间的衔接问题。

1）车削加工工序的安排。制订零件车削加工顺序一般遵循下列原则。

① 先粗后精。按照粗车→半精车→精车的顺序进行，逐步提高加工精度。粗车将在较短的时间内将工件表面上的大部分加工余量（图 2-13 中细双点画线内的部分）切掉，一方面提高金属切除率，另一方面满足精车的余量均匀性要求。若粗车后所留余量的均匀性满足不了精加工的要求，则要安排半精车，以此为精车做准备。精车要保证加工精度，按图样尺寸一刀切出零件轮廓。

图 2-13 先粗后精示例

② 先近后远。一般情况下先加工离对刀点近的部位，再加工离对刀点较远的部位，以便缩短刀具移动距离，减少空行程。对于车削加工而言，先近后远还有利于保持坯件或半成品的刚性，改善其切削条件。

例如图 2-14 所示的零件，当第一刀背吃刀量未超限时，应该按 $\phi34\text{mm} \rightarrow \phi36\text{mm} \rightarrow \phi38\text{mm}$ 的次序先近后远安排车削顺序。

③ 内外交叉的原则。对既要加工内表面又要加工外表面的复杂零件来说，在安排加工顺序时应先进行内、外表面的粗加工，再进行内、外表面的精加工，切不可将零件上一部分表面（或内表面，或外表面）加工完成后再进行其他表面的车削。

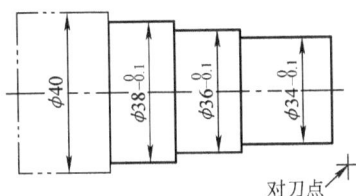

图 2-14 先近后远示例

④ 基准先行的原则。用作精车基准的表面应先加工出来，例如在加工轴类零件时，一般先加工出中心孔，再以中心孔定位加工外圆表面。

2）数控加工工序与普通工序的衔接。数控加工工序前后一般都穿插有其他普通工序，如衔接不好就容易出现问题，产生矛盾。例如：要不要为后道工序留加工余量，留多少；定位面与孔的精度要求及几何公差等，其目的是达到能满足加工需要，且质量目标与技术要求明确，交接验收有依据的目的。关于手续问题，如果是在同一个车间，可由编程人员与主管该零件的工艺员协商确定，在制订工序工艺文件中互审会签，共同负责；如果不是在同一个车间，则应用交接状态表进行规定，共同会签，然后反映在工艺规程中。

4. 数控车床常用刀具与切削用量的选择

在数控车削中，产品质量和劳动生产率在相当大的程度上受刀具的制约。虽然数控车削的切削原理与普通车削原理基本相同，但由于数控车削加工的特性，特别是切削部分的几何参数，都要求刀具的形状经过特别设计和处理，从而充分发挥出数控车床的效益。

（1）数控车床对刀具的材料要求

1）数控车削刀具的材料性能。数控车削刀具常用的材料有高速钢、硬质合金、陶瓷、立方氮化硼、金刚石等。刀具性能是指其硬度、高温硬度、抗弯强度、冲击韧度等指标性能，见表 2-10。

2）数控车削对刀具材料的要求。

① 强度高。为使得刀具在粗加工或对高硬度材料的零件进行加工时，能用大的背吃刀量和快进给，要求刀具必须有很高的强度；对于刀杆细长的刀具（如深孔车刀），还应具有较好的抗振性。

表 2-10　常用数控车床刀具材料的类别和主要性能

材料类别		硬　度	抗弯强度/GPa	耐热性/℃	切削速度比值
高速钢		63~70HRC	3.0~3.4	620	1~1.2
硬质合金	钨钴类	89~91.5HRA	1.1~1.75	800~1000	3.2~4.8
	钨钴钛类	89~92.5HRA	0.9~1.4	800~1000	4~4.8
	新型	89.5~94HRA	0.9~2.2	1100	6~10
	涂层	1950~3200HV	0.9~2.2	1100~1400	6~12
陶瓷	氧化铝	92~94HRA	0.45~0.55	1200	8~12
	复合	93~94HRA	0.60~1.2	1100	6~10
	氮化硅	91~93HRA	0.75~0.85	1390~1400	12~14
立方氮化硼		6000~8000HV	0.294	1400~1500	≥25
金刚石	天然	10000HV	0.20~0.50	700~800	≥25
	人造聚晶	6500~9000HV	0.21~0.48	700~800	≥25
	复方	≥7000HV	≥1.5	800	≥25

② 精度高。为适应数控加工的高精度和自动换刀等要求，刀具及其夹具都必须具有较高的精度。

③ 切削速度和进给速度高。为提高生产率并适应一些特殊加工的需要，刀具应能满足高切削速度或进给速度的要求，如采用聚晶金刚石复合车刀加工玻璃或碳纤维复合材料时，其切削速度高达 100m/min 以上。

④ 可靠性好。要保证数控加工中不会因发生刀具意外损坏及潜在缺陷而影响加工的顺利进行，要求刀具及与之组合的附件必须具有很好的可靠性和较强的适应性。

⑤ 寿命长。刀具在切削过程中的不断磨损，会造成加工尺寸的变化。伴随着刀具的磨损，还会因切削刃（或刀尖）变钝，使切削阻力增大，既会使被加工零件的表面精度大大下降，同时还会加剧刀具磨损，形成恶性循环。因此，数控加工中的刀具，不论在粗加工、精加工还是特殊加工中，都应具有比普通机床加工所用刀具更长的寿命，以尽量减少更换或修磨刀具及对刀的次数，从而保证零件的加工质量，提高生产率。

寿命长的刀具，至少应完成 1~2 个大型零件的加工，能完成 1~2 个班次以上的加工则更好。

⑥ 断屑及排屑性能好。有效地进行断屑及排屑，对保证数控机床顺利、安全运行具有非常重要的意义。

（2）数控车刀的类型与应用

1）数控车刀的种类与用途。数控车刀的种类很多，如图 2-15 所示。但常用的车刀一般分为三类：尖形车刀、圆弧形车刀和成形车刀。

① 尖形车刀。它是以直线形切削刃为特征的车刀，如图 2-16 所示。这类车刀的刀尖由直线形的主、副切削刃构成，如 90°内、外圆车刀，左、右端面车刀，车槽刀及刀尖很小的各种外

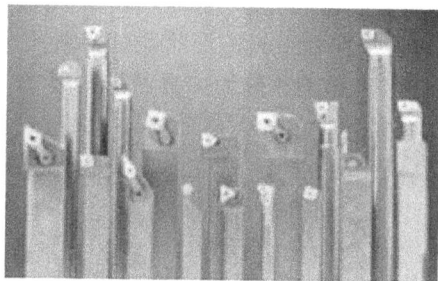

图 2-15　数控车削常用车刀

圆和内孔车刀。用这类车刀加工零件时，零件的轮廓形状主要由一个独立的刀尖或一条直线形主切削刃位移后得到，与由其他车刀加工得到相同零件形状的原理是不同的。

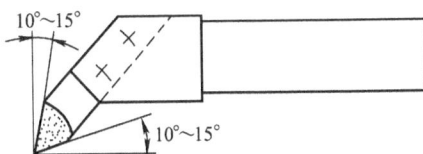

图 2-16　尖形车刀示例

② 圆弧形车刀。它是一种特殊的数控加工用车刀。如图 2-17 所示，其特征是构成主切削刃的为一圆度误差或线轮廓度误差很小的圆弧，该圆弧刃上每一点都是圆弧形车刀的刀尖。它用于车削内、外表面，特别适宜车削各种光滑连接（凹形）的成形面。

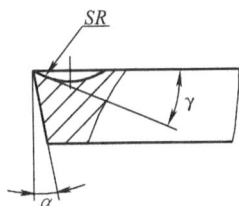

③ 成形车刀。成形车刀也称样板车刀，如图 2-18 所示，其加工零件的轮廓形状完全由车刀切削刃的形状和尺寸决定。常见的成形车刀有小半径圆弧车刀、非矩形车槽刀、螺纹车刀等。

图 2-17　圆弧形车刀示例

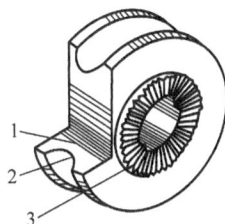

图 2-18　成形车刀示例

1—前面　2—主切削刃　3—端面齿

2）机夹可转位车刀。为了减少换刀时间和方便对刀，便于实现机械加工标准化，进行数控车削加工时，应尽量采用机夹可转位车刀，因而可转位车刀是车床操作人员必须要了解的内容之一。

图 2-19 所示为机夹可转位车刀，它由可转位刀片、刀杆、刀垫与夹紧元件（结构见图 2-20）组成。

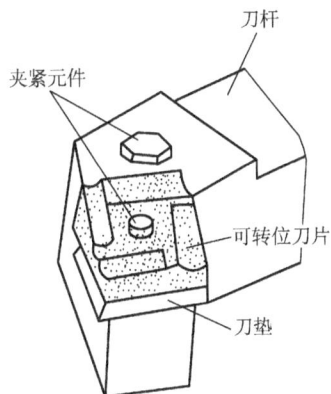

图 2-19　机夹可转位车刀的结构形式

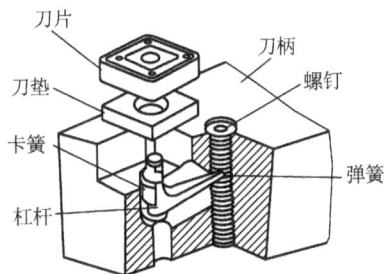

图 2-20　机夹可转位车刀的内部结构

① 机夹可转位刀片。从刀具的材料应用方面来看，数控车削用刀具的材料主要是硬质合金。刀具用可转位刀片的型号由代表给定意义的字母和数字按一定顺序排列所组成，共有 13 个代号，各代号表示的规则见表 2-11（摘自 GB/T 2076—2007）。

表 2-11　机夹可转位刀片的型号与意义

标准规定，任何一个刀片型号都必须用前 7 个代号表示，后 3 个代号在必要时才使用。不论有无第 8、9 两个代号，第 11 位和第 13 位必须用短横线 "—" 与前面代号分隔开来。第 10 位字母代号不得使用第 8、9 位已使用的 7 个字母（F、E、T、S、R、L、N）。第 5、6、7 位使用不符合标准规定的尺寸代号时，第 4 位要用 X 表示，并需要用略图或详细的说明书加以说明。机夹可转位刀片的型号说明示例如图 2-21 所示。

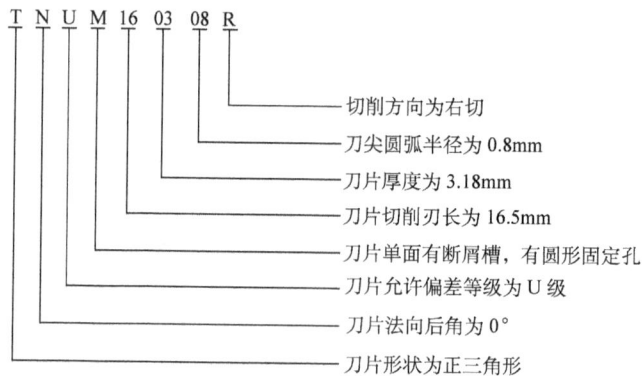

图 2-21　机夹可转位刀片型号说明示例

② 可转位车刀刀片法向后角大小的代号见表 2-12。

③ 可转位刀片的夹紧形式。根据 GB/T 5343.1—2007 的规定，可转位车刀按刀片夹紧方式见表 2-13。

表 2-12 刀片法向后角大小的代号

代号	刀片法向后角		代号	刀片法向后角	
A	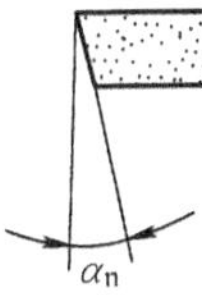	3°	F	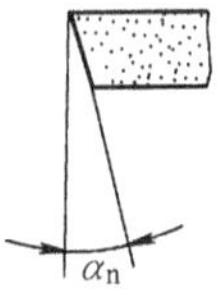	25°
B		6°	G		30°
C		7°	N		0°
D	α_n	15°	P	α_n	11°
E		20°	O	其余的后角需专门说明	

注：如果所有切削刃都用来作主切削刃，不管法向后角是否不同，法向后角表示较长一段切削刃的法向后角，这段较长的切削刃亦即作为主切削刃，表示刀片的长度。

表 2-13 可转位车刀刀片夹紧方式

代号	刀片夹紧方式	说　　明	结构图示
C	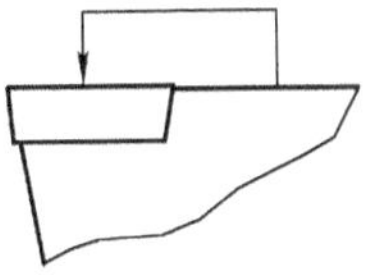	装无孔刀片，从刀片上方将刀片压紧	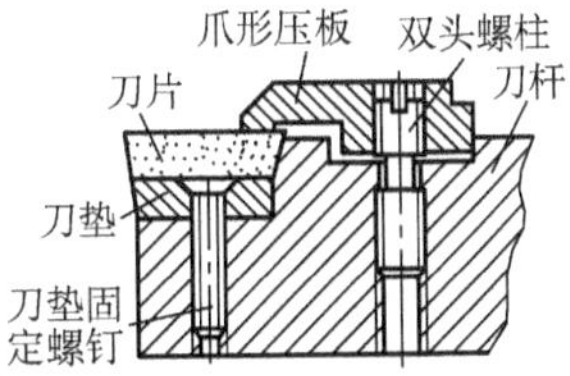 爪形压板 双头螺柱 刀片 刀杆 刀垫 刀垫固定螺钉
M	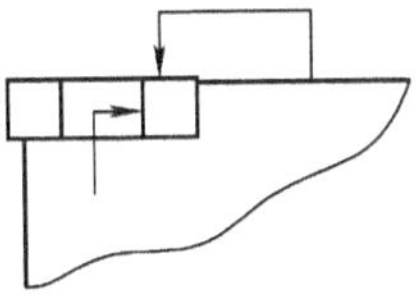	装圆孔刀片，从刀片上方并利用刀片孔将刀片夹紧	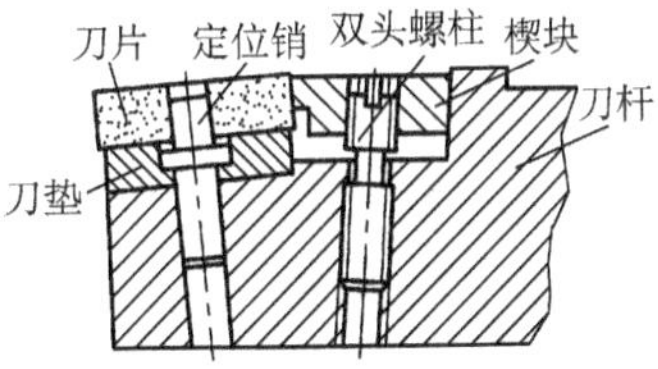 刀片 定位销 双头螺柱 楔块 刀垫 刀杆
P	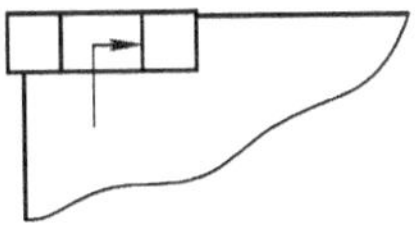	装圆孔刀片，利用刀片孔将刀片夹紧	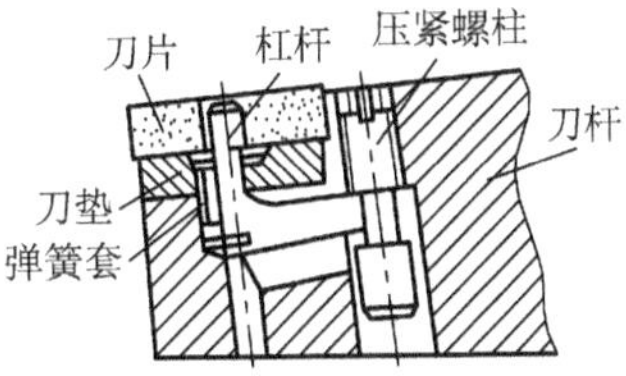 刀片 杠杆 压紧螺柱 刀杆 刀垫 弹簧套
S	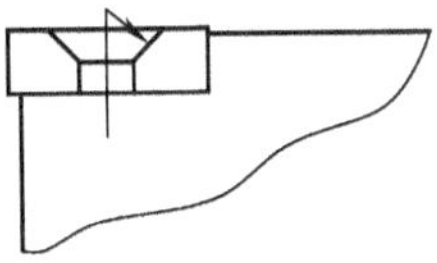	装沉孔刀片，螺钉直接穿过刀片孔将刀片夹紧	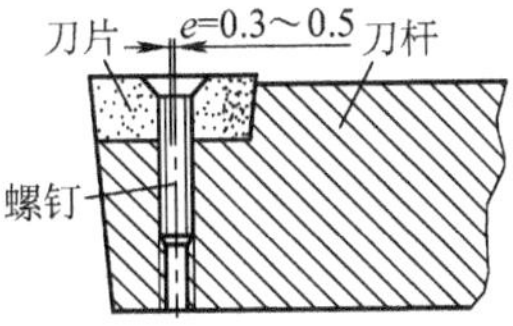 刀片 $e=0.3\sim0.5$ 刀杆 螺钉

④ 可转位车刀刀片形状代号见表 2-14。

⑤ 可转位车刀头部形式及代号见表 2-15。

⑥ 可转位车刀刀片长度的表示，见表 2-16。

⑦ 机夹可转位车刀。常用的可转位车刀有外圆车刀、端面车刀、仿形车刀等共 18 种形式，见表 2-17。

表 2-14　可转位车刀刀片形状代号

代号	刀片形状		代号	刀片形状	
T		三角形	W		六边形 80°
S		正方形	L		矩形
P		五边形	R		圆形
H		六边形	V		35°菱形
			D		55°菱形
			E		75°菱形
			C		80°菱形
			M		86°菱形
O		八边形	K		55°刀尖角平行四边形
			B		82°刀尖角平行四边形
			A		85°刀尖角平行四边形

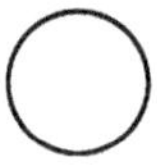

表 2-15　可转位车刀头部形式及代号

代号	头部形式		代号	头部形式	
A		90°直头侧切	F		90°偏头端切
B		75°直头侧切	G	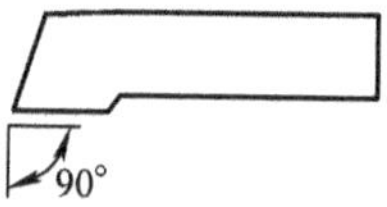	90°偏头侧切
C		90°直头端切	H		107.5°偏头侧切
D		45°直头侧切	J		93°偏头侧切
E		60°直头侧切	K	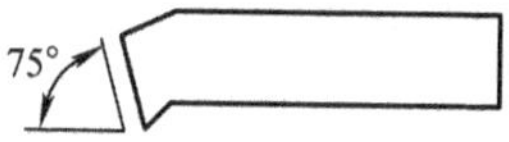	75°偏头端切

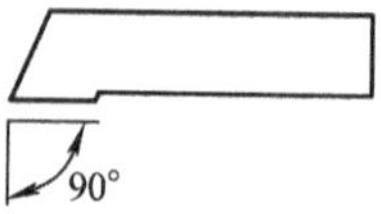

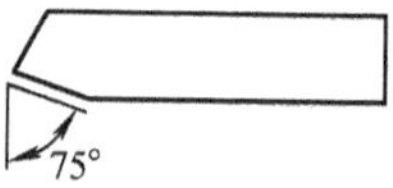

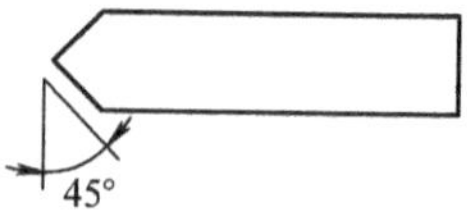

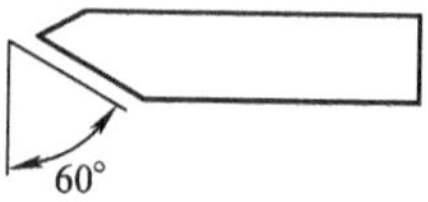

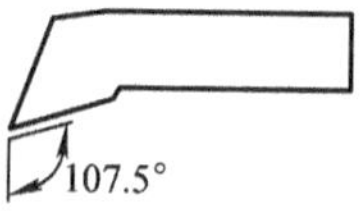

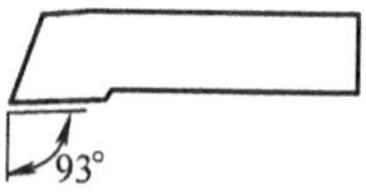

（续）

代号	头部形式		代号	头部形式	
L	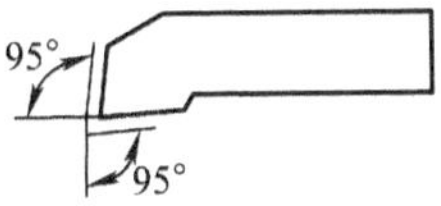	95°偏头侧切	T	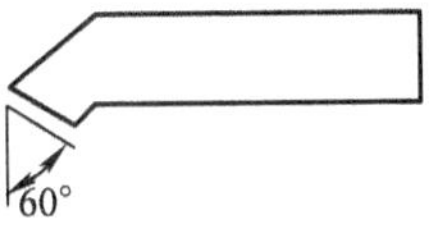	60°偏头侧切
M	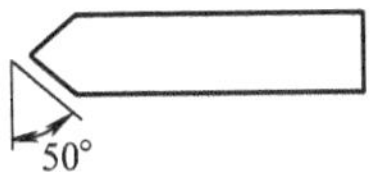	50°直头侧切	U	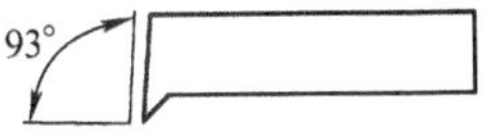	93°偏头端切
N	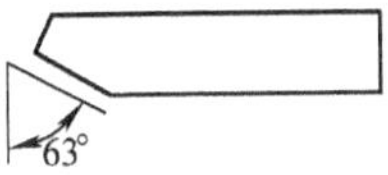	63°直头侧切	V	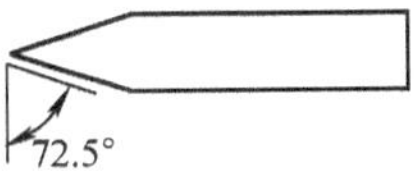	72.5°偏头侧切
R		75°偏头侧切	W	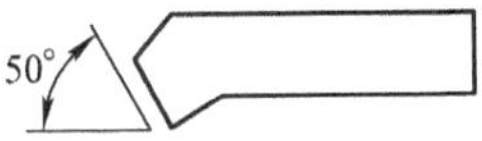	50°偏头端切
S	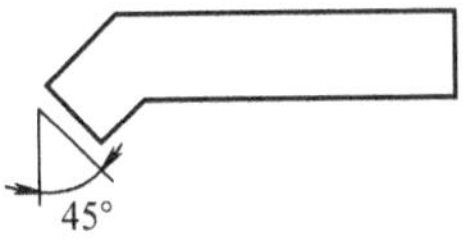	45°偏头侧切	Y		85°偏头端切

表 2-16　可转位车刀刀片长度的表示

长度范围/mm	举例		说　明
	长度/mm	代　号	
≥10	16.5	16	用整数表示,小数不计
<10	9.25	09	

表 2-17　可转位车刀形式（摘自 GB/T 5343.2—2007）

车刀型号		简　图	车刀型号		简　图
右切车刀	左切车刀		右切车刀	左切车刀	
TGNR	TGNL	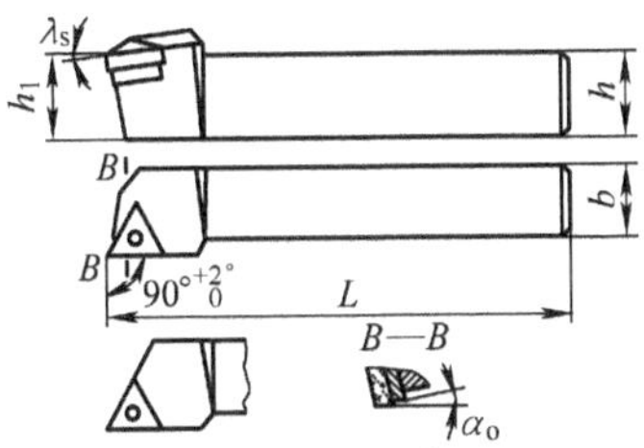 TGN 型 90°	FGNR	FGNL	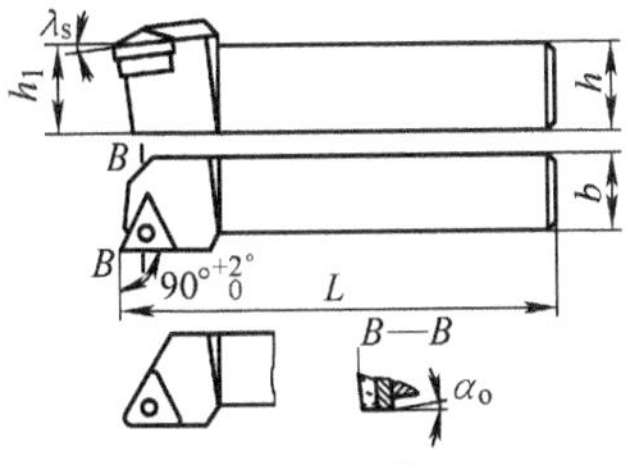 FGN 型 90°

39

（续）

车刀型号		简　图	车刀型号		简　图
右切车刀	左切车刀		右切车刀	左切车刀	
WGNR	WGNL	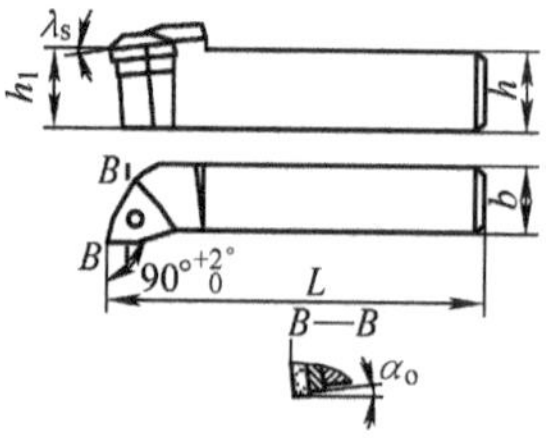 WGN 型 90°	CJNR	CJNL	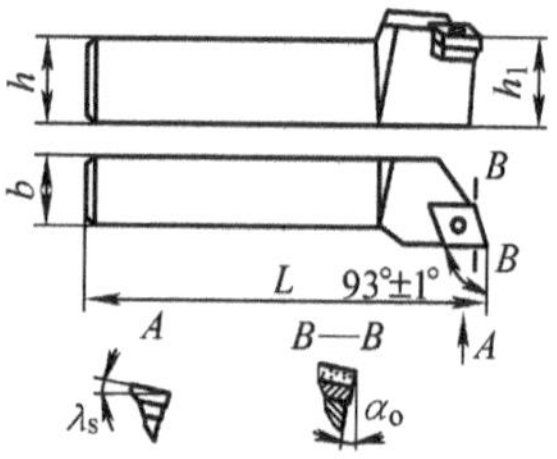 CJN 型 93°
SRNR	SRNL	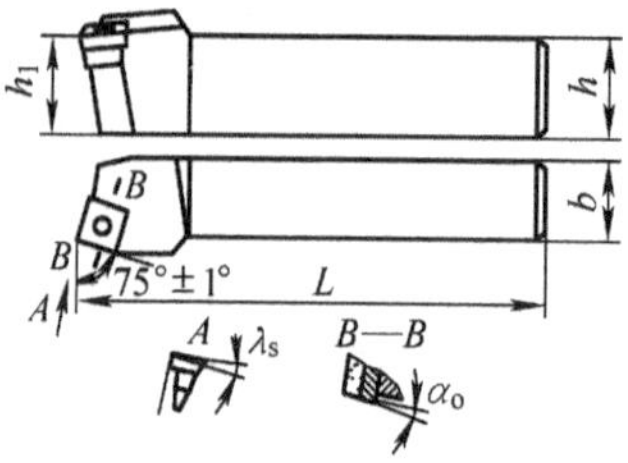 SRN 型 75°	DJNR	DJNL	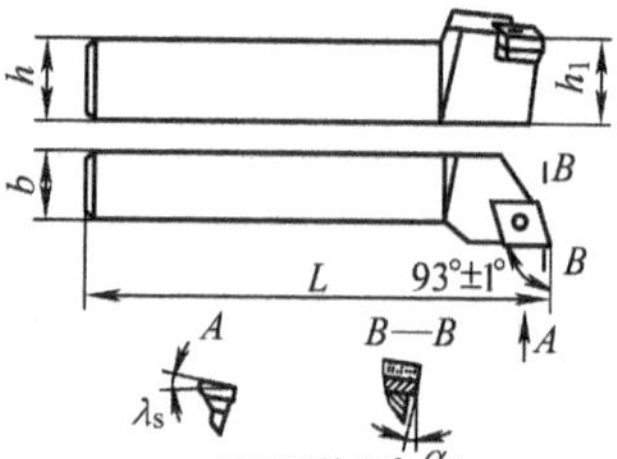 DJN 型 93°
SSNR	SSNL	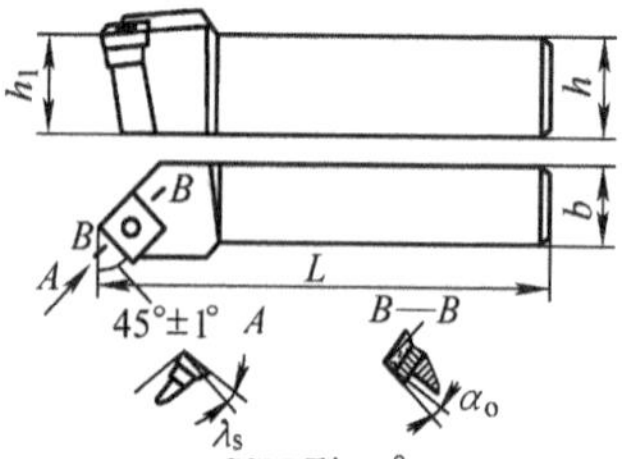 SSN 型 45°	WMNN		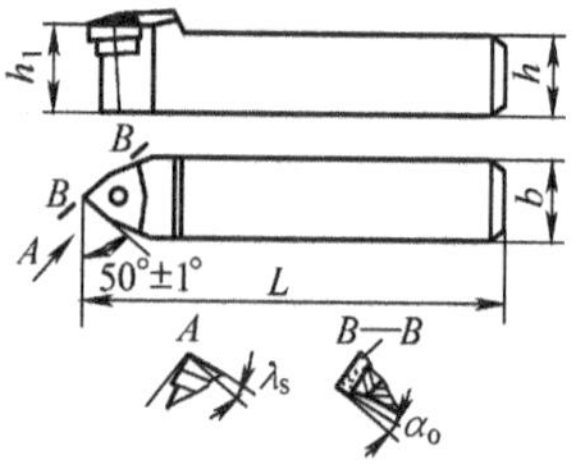 WMN 型 50°
PTNR	PTNL	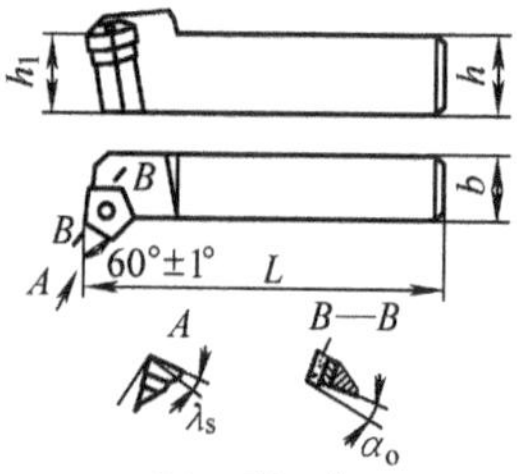 PTN 型 60°	TENN		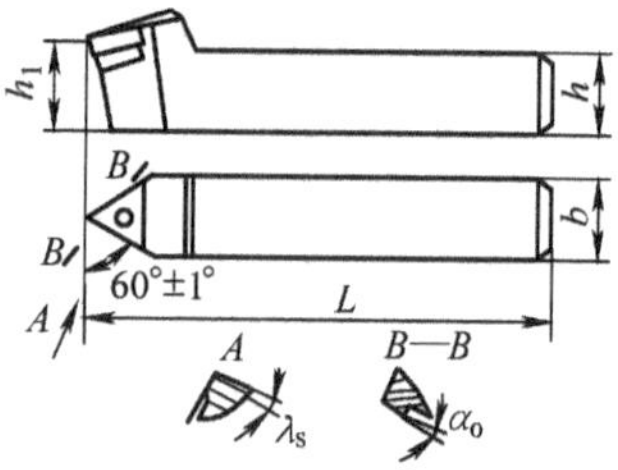 TEN 型 60°
TTNR	TTNL	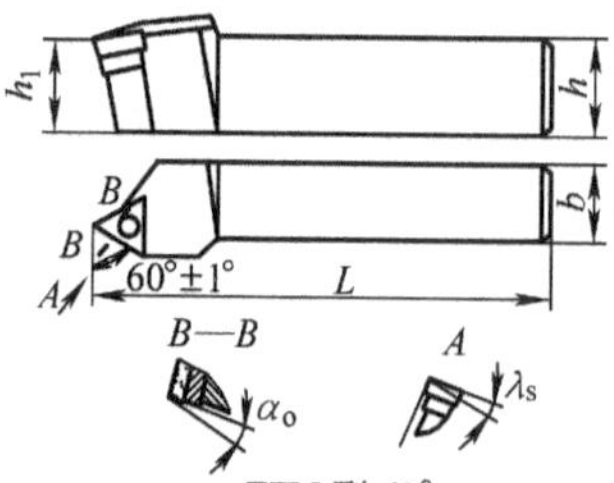 TTN 型 60°	SBNR	SBNL	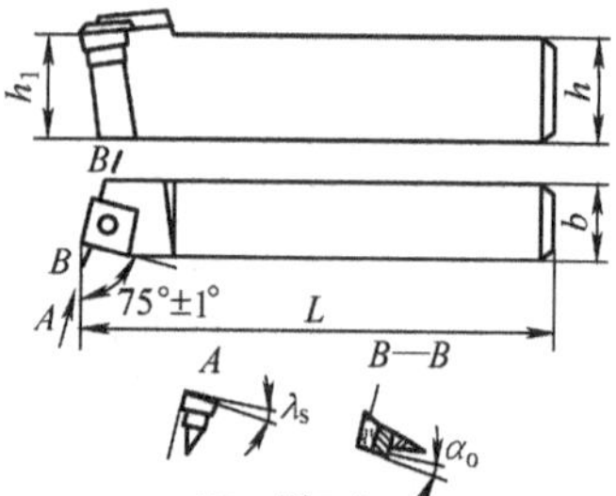 SBN 型 75°

40

（续）

车刀型号		简　图	车刀型号		简　图
右切车刀	左切车刀		右切车刀	左切车刀	
RGNR	RGNL	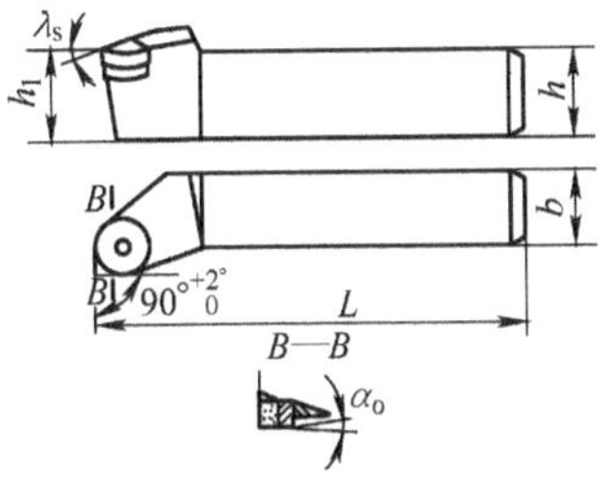 　RGN型90°	TGPR	TGPL	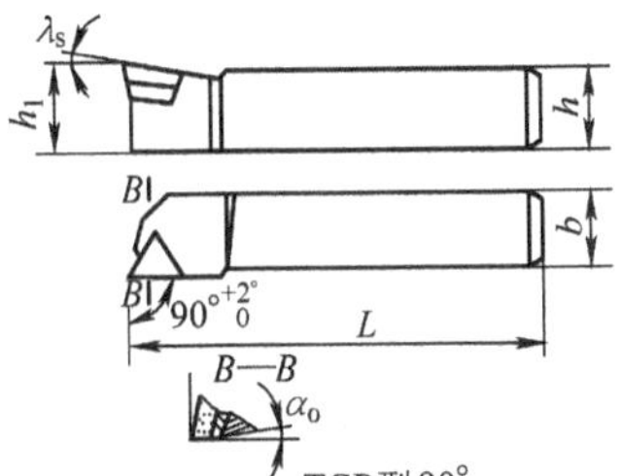 　TGP型90°
TFNR	TFNL	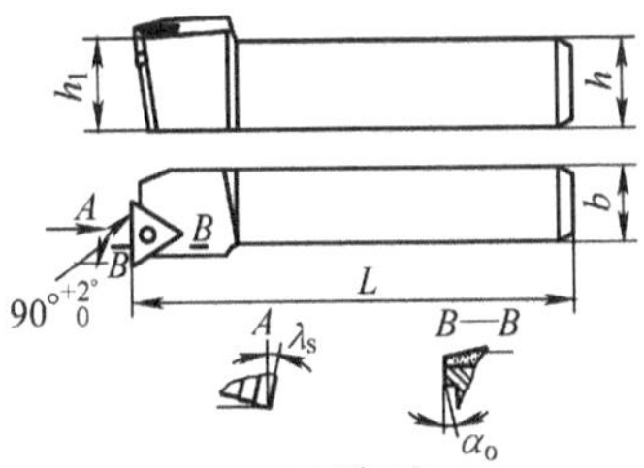 　TFN型90°	TTPR	TTPL	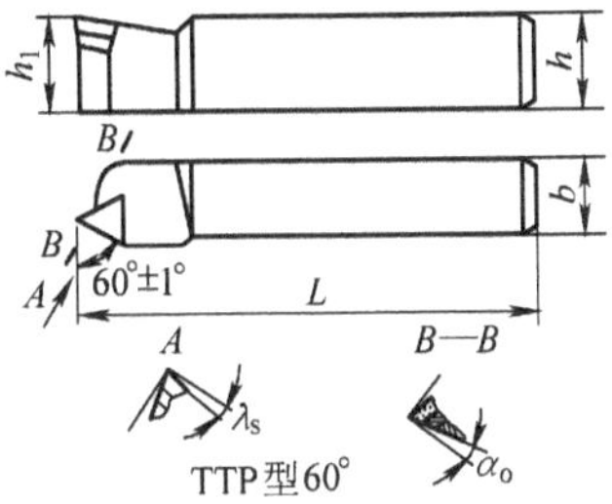 　TTP型60°
SKNR	SKNL	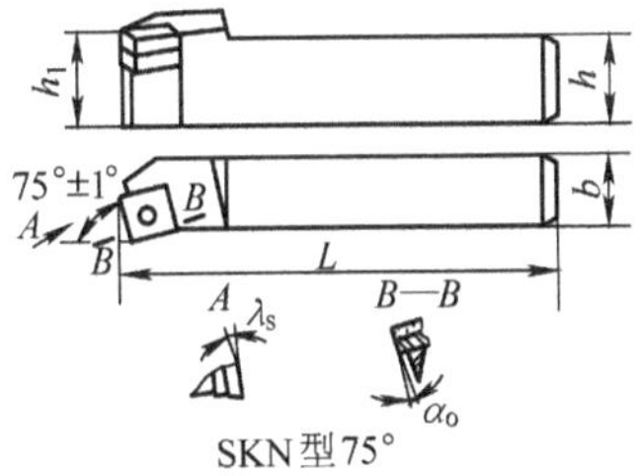 　SKN型75°	SSPR	SSPL	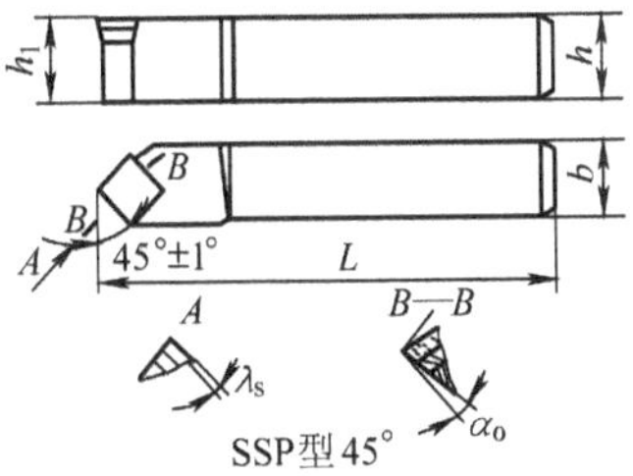 　SSP型45°

　　3）装夹刀具的刀具系统。数控车床的刀具系统常用的有两种形式：一种是刀块式，如图 2-22 所示，它用凸键定位，夹紧牢固，刚性好，但换装费时，不能自动夹紧；另一种是圆柱柄上铣齿条的结构，如图 2-23 所示，这种装置可实现自动夹紧，换装也快捷，但刚性较前者要稍差一点。

　　4）数控车床的对刀。数控车削加工中，应首先确定零件的加工原点，以建立准确的加工坐标系，同时要考虑不同尺寸刀具对加工的影响，这些都是需要通过对刀来解决的。

　　用以确定工件坐标系相对于机床坐标系之间的关系，并与对刀基准点相重合（或经刀补后能重合）的位置，称为对刀点。在编制加工程序时，程序原点通常设置在对刀点位置。一般情况下，对刀点既是程序执行的起点，也是程序执行后的终点。在加工实践中，不管是刀具相对于工件运动还是工件相对于刀具运动，对刀点始终是其运动的起点，即起刀点。

　　① 对刀点位置的选择原则如下：

　　a. 尽量与工艺基准或设计基准相一致。

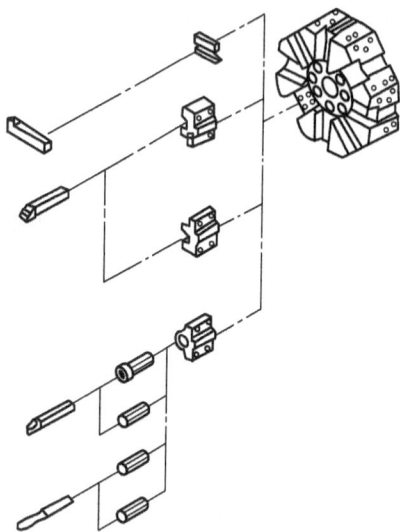

图 2-22 刀块式车刀系统

图 2-23 圆柱齿条式车刀系统

b. 尽量使加工程序的编制工作简单方便。

c. 便于用常规量具和量仪在车床上进行找正。

d. 该点的对刀误差应较小，或可能引起的加工误差为最小。

e. 尽量使加工程序中的引入（或返回）路线最短，并便于换刀。

f. 应选择在与机床约定机械间隙状态（消除或保持最大间隙方向）相适应的位置上，避免在执行其自动补偿时造成"反补偿"。

g. 必要时，对刀点可设定在工件的某一要素或其延长线上，或设定在与工件定位基准有一定坐标关系的夹具某位置上。

② 确定对刀点位置的方法。确定对刀点位置的方法很多，对于设置了固定原点的数控机床，可配合手动及显示功能，并用相应的 G 指令方便地进行确定；对未设置固定原点的数控机床，则可视其确定的精度要求分别采用位移换算法、模拟定位法或近似定位法等进行确定。

③ 数控车床的对刀方法如下：

a. 一般对刀。一般对刀是指在机床上使用相对位置检测法进行手动对刀，如图 2-24 所示，图中是以 Z 向对刀为例说明的。

刀具安装后，先移动刀具，手动切削工件右端面，再沿 X 向退刀，将右端面与加工原点的距离 N 输入数控系统，即完成这把刀的 Z 向对刀过程。

手动对刀是最基本的对刀法，是普通车床的"试切—测量—调整"的对刀模式，操作时用时较多。有时为了进一步提高对刀的正确性（提高尺寸精度），也可以使用对刀器进行手动对刀，如图 2-25 所示。

b. 机外对刀仪对刀。机外对刀仪的本质是测量出刀尖点到刀具台基准之间 X 和 Z 方向的距离。利用机外对刀仪可将刀具预先在机床外校对好，刀具装上机床后，将对刀长度输入相应的刀具补偿号即可，如图 2-26 所示。

c. 自动对刀。自动对刀是通过刀尖检测系统实现的。刀尖以设定的速度向接触式传感

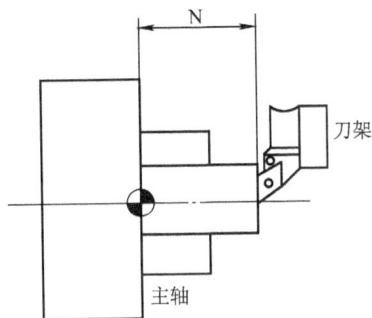

图 2-24　手动对刀法

图 2-25　用对刀器对刀

器接近，当刀尖与接触式传感器接触并发出信号时，数控系统立即记下该瞬间的坐标值，并自动修正刀具补偿值，如图 2-27 所示。

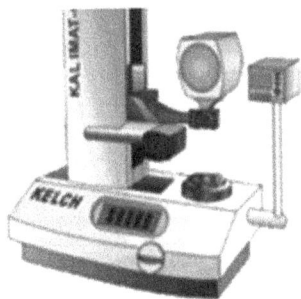

图 2-26　机外对刀仪对刀

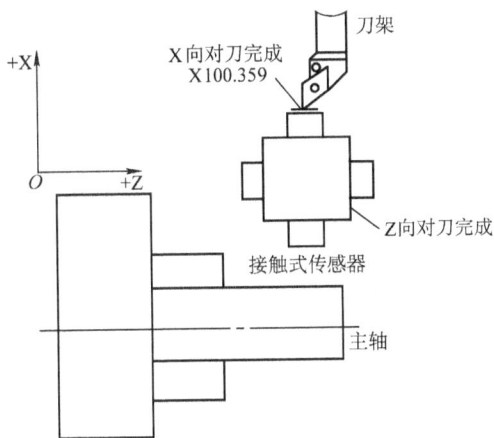

图 2-27　自动对刀法

5）切削用量的选择。数控车削加工编程时，编程技术人员必须确定每道工序的切削用量，并以指令的形式将其写入程序中。

切削用量包括背吃刀量 a_p、切削速度 v_c、进给量 f。对于不同的加工方法，需要选用不同的切削用量。

① 切削用量的选择原则如下：

a. 要能保证工件的加工精度和表面粗糙度。

b. 要能充分发挥切削性能。

c. 要能保证合理的刀具寿命。

d. 要能充分发挥车床的性能。

e. 要能最大限度地提高生产率，并降低生产成本。

② 切削用量的选择方法如下：

a. 背吃刀量 a_p 的选择。在数控车床上加工时，应根据车床、工件以及刀具的刚度来决定背吃刀量。粗车时，在刚度允许的条件下，应尽量减少进给次数（适当增大背吃刀量），在工件加工精度要求不高的情况下，尽可能使背吃刀量等于工件的加工余量，以此来提高生产率。而当工件的精度要求较高时，则要留出合适的精加工余量。数控车床加工所留的精加工余量一般要比普通车床小一些，常取 0.2~0.5mm。硬质合金及高速钢车刀粗车外圆和端面的背吃刀量与进给量见表2-18。

表2-18 硬质合金及高速钢车刀粗车外圆和端面的背吃刀量与进给量

加工材料	车刀刀杆尺寸 /(mm×mm)	工件直径 /mm	背吃刀量 a_p/mm				
			3	>3~5	>5~8	>8~12	>12
			进给量 f/(mm/r)				
碳素结构钢、合金结构钢及铸件	16×25	20	0.3~0.4				
		40	0.4~0.5	0.3~0.4			
		60	0.5~0.7	0.4~0.6	0.3~0.5		
		100	0.6~0.9	0.5~0.7	0.5~0.6	0.4~0.5	
		400	0.8~1.2	0.7~1.0	0.6~0.8	0.5~0.6	
	20×30 25×25	20	0.3~0.4				
		40	0.4~0.5	0.3~0.4			
		60	0.6~0.7	0.5~0.7	0.4~0.6		
		100	0.8~1.0	0.7~0.9	0.5~0.7	0.4~0.7	
		600	1.2~1.4	1.0~1.2	0.8~1.0	0.6~0.9	0.4~0.6
	25×40	60	0.6~0.9	0.5~0.8	0.4~0.7		
		100	0.8~1.2	0.7~1.1	0.6~0.9	0.5~0.8	
		1000	1.2~1.5	1.1~1.5	0.9~1.2	0.8~1.2	0.7~0.8
	30×45 40×60	500	1.1~1.4	1.1~1.4	1.0~1.2	0.8~1.2	0.7~1.1
		2500	1.3~2.0	1.3~1.8	1.2~1.6	1.1~1.5	1.0~1.5
铸铁、铜合金	16×25	40	0.4~0.5				
		60	0.6~0.8	0.5~0.8	0.4~0.6		
		100	0.8~1.2	0.5~0.8	0.4~0.6		
		600	1.0~1.4	1.0~1.2	0.6~0.8	0.5~0.7	
	20×30 25×25	40	0.4~0.5				
		60	0.6~0.9	0.5~0.8	0.4~0.7		
		100	0.9~1.3	0.7~1.0	0.7~1.0	0.6~0.9	
		600	1.2~1.8	1.0~1.2	1.0~1.3	1.0~1.2	0.7~0.9
	25×40	60	0.6~0.8	0.5~0.8	0.4~0.7		
		100	1.0~1.4	0.9~1.2	0.8~1.0	0.6~0.9	
		1000	1.5~2.0	1.2~1.6	1.0~1.4	1.0~1.2	0.8~1.0
	30×45 40×60	500	1.4~1.8	1.2~1.6	1.0~1.4	1.0~1.3	0.9~1.2
		2500	1.6~2.4	1.6~2.0	1.4~1.8	1.3~1.7	1.2~1.7

注：1. 加工断续表面及有冲击地加工时，表内的进给量应乘以 75%~85%。

2. 加工耐热钢及其合金时，不采用>1mm/r 的进给量。

3. 加工淬硬钢时，表中进给量应减少 20%（当硬度<56HRC 时）或 50%（当硬度>56HRC 时）。

4. 可转位刀片的允许最大进给量不应超过其刀尖圆弧半径数值的 80%。

　　b. 主轴转速 n 的选用。切削速度是衡量进给运动快慢的参数，一般在车床上选定为车床主轴转速 n。车削加工时主轴转速应根据允许的切削速度和工件直径来选择，按公式 $v_c = \pi dn/1000$ 来计算。切削速度 v_c 单位为 m/min，由刀具的使用寿命决定。对于有变速功能的车床，须按车床说明书选择与所计算转速接近的转速。

　　c. 进给量 f 的选用。进给量是数控车削加工中重要的参数，主要根据工件的加工精度、表面粗糙度要求、刀具与工件材料的性质来选取。各种加工的进给量选用见表 2-19~表 2-21。

表 2-19　硬质合金外圆车刀半精车的进给量

工件材料	表面粗糙度值 $Ra/\mu m$	切削速度范围 /(m/min)	刀尖圆弧半径/mm		
			0.5	1.0	2.0
			进给量 f/(mm/r)		
铸铁、青铜、铝合金	6.3	不限	0.25~0.40	0.40~0.50	0.50~0.60
	3.2		0.15~0.25	0.25~0.40	0.40~0.60
	1.6		0.10~0.15	0.15~0.20	0.20~0.35
碳素钢、合金钢	6.3	<50	0.30~0.50	0.45~0.60	0.55~0.70
		>50	0.40~0.55	0.55~0.65	0.65~0.70
	3.2	<50	0.18~0.25	0.25~0.30	0.30~0.40
		>50	0.25~0.30	0.30~0.35	0.35~0.50
	1.6	<50	0.10	0.11~0.15	0.15~0.22
		50~100	0.11~0.16	0.16~0.25	0.25~0.35
		>100	0.16~0.20	0.20~0.25	0.25~0.35

表 2-20　车断及车槽的进给量

工件直径/mm （边界值取较小区间）	车刀宽度 /mm	加工材料	
		碳素钢、合金钢及铸件	铸铁、铜合金及铝合金
		进给量 f/(mm/r)	
<20	3	0.06~0.08	0.11~0.14
20~40	3~4	0.10~0.12	0.16~0.19
40~60	4~5	0.13~0.16	0.20~0.24
60~100	5~8	0.16~0.18	0.24~0.32
100~150	8~10	0.18~0.26	0.30~0.40
>150	10~15	0.28~0.36	0.40~0.55

　　注：1. 车断直径大于 60mm 的实心材料时，车刀接近轴线 0.5 倍半径时，进给量应减少 40%~50%。
　　　　2. 在加工淬硬钢时，表中进给量应减少 30%（当硬度<50HRC 时）或 50%（当硬度>50HRC 时）。
　　　　3. 如车刀安装在六角头上，进给量应乘以 0.3。

5. 典型零件的数控车削加工工艺分析

　　下面以图 2-28 所示的轴套类零件为例来说明制订数控车削加工工艺的基本过程。

表 2-21 成形车削时的进给量

刀具宽度/mm	加工直径/mm		
	20	25	≥40
	进给量 $f/(\text{mm/r})$		
8	0.03~0.08	0.04~0.09	0.04~0.09
10	0.03~0.07	0.04~0.085	0.04~0.085
15	0.02~0.055	0.035~0.075	0.04~0.08
20		0.03~0.06	0.04~0.08
30			0.035~0.07
40			0.03~0.06
≥50			(0.025~0.055)

注：1. 工件轮廓比较复杂且加工材料硬度较高时，取小的进给量；反之取大的进给量。

2. 括号内的数值仅在加工直径不小于 60mm 时采用。

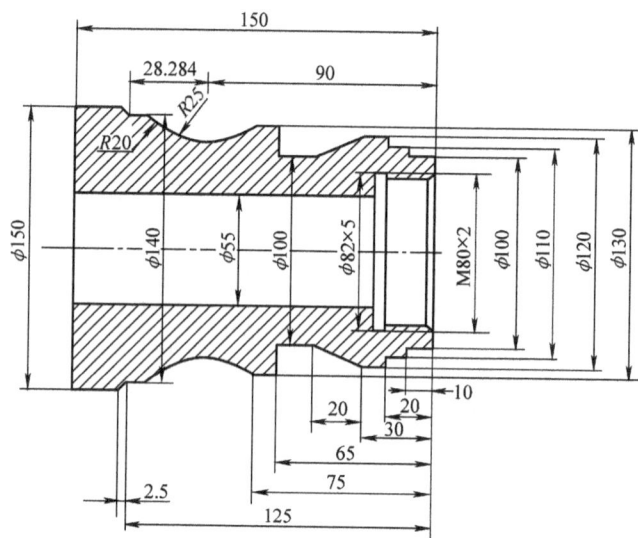

图 2-28 轴套类零件

（1）**零件图样分析** 该零件由孔、内螺纹、内槽、外圆、外槽、台阶和圆弧等结构复杂的表面组成，其零件总体尺寸精度不高，因而应采取以下几点工艺措施。

1）因图样上给定的尺寸精度要求不高，所以在编程时全部取其公称尺寸。

2）为了便于刀具装夹，应预先对坯件孔、外圆进行粗车，同时也要预先车出 φ150mm×25mm 的台阶。

（2）**确定装夹方案** 确定坯料轴线和左端面（设计基准）为定位基准。左端面采用自定心卡盘反爪夹住 φ150mm 外圆进行车削加工，如图 2-29 所示。

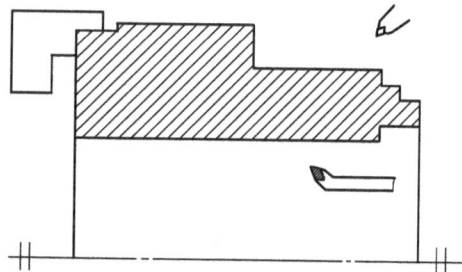

图 2-29 轴套类零件装夹示意图

（3）**确定加工顺序和进给路线**　加工顺序按由粗到精、由近到远（由右到左）的原则确定，即先从右到左进行粗车（留 0.4mm 的精车余量），然后从右到左进行精车，最后车削螺纹，具体的加工顺序和进给路线如下：

1）精车 $\phi150$mm×25mm 外形。

2）粗车外形及内孔（M80×2mm 螺纹底径为 $\phi77.8$mm），留余量 0.4mm。

3）精车 $\phi130$mm、$\phi120$mm、$\phi110$mm 和 $\phi100$mm 外形。

4）精车 $\phi100$mm 槽和锥面。

5）精车圆弧面 $R25$mm 和 $R20$mm。

6）精车孔 $\phi55$mm、$\phi77.8$mm。

7）车内槽 $\phi82$mm×5mm。

8）车内螺纹 M80×2mm。

（4）**刀具的选择**　由于该零件形状复杂，必须使用多把车刀才能完成车削加工，根据加工具体要求和各工序加工表面的形状，所选择的刀具全部为硬质合金机夹和焊接车刀。

将所选刀具参数填入表 2-22 中，以便于编程和操作管理。

表 2-22　数控加工刀具卡片

产品名称或代号		数控车削工艺分析实例		零件名称	轴套类零件	零件图号	
序号	刀具号	刀具名称	数量	加工表面			刀尖圆弧半径
1	T01	90°精车机夹车刀	1 把	精加工 $\phi150$mm、$\phi130$mm、$\phi110$mm、$\phi100$mm 外形			0.15mm
2	T02	90°粗车机夹车刀	1 把	粗车外形			0.5mm
3	T03	硬质合金镗孔车刀	1 把	粗车内孔			0.10mm
4	T04	硬质合金车断刀	1 把	车 $\phi100$mm 槽和锥面			0.1mm
5	T05	硬质合金焊接螺纹车刀	1 把	加工 $R25$mm 和 $R20$mm 圆弧面			0.5mm
6	T06	硬质合金焊接内孔车刀	1 把	加工内孔 $\phi55$mm、$\phi77.8$mm			0.1mm
7	T07	硬质合金焊接内槽车刀	1 把	车内槽			0.1mm
8	T08	硬质合金焊接内螺纹车刀	1 把	加工内螺纹			0.5mm
编制	×××	审核	×××	批准	×××	共 1 页	第 1 页

（5）**切削用量的选择**

1）背吃刀量的选择。轮廓粗车循环时选 $a_p = 3$mm，精车时选 $a_p = 0.4$mm；粗车孔时选 $a_p = 1 \sim 1.5$mm，精车孔时选 $a_p = 0.2$mm；螺纹车削循环时选 $a_p = 0.4$mm，精车时选 $a_p = 0.1$mm。

2）主轴转速的选择。车外圆直线、圆弧和内螺纹时选用主轴转速 $n = 800$r/min，加工其他表面时主轴转速选 $n = 400$r/min。

3）进给量的选择。粗车外形时选 $f = 0.15$mm/r；精车外形、加工 $\phi100$mm 槽和锥面及车圆弧 $R25$mm 和 $R20$mm 时选 $f = 0.10$mm/r；精车内孔和内槽时选 $f = 0.08$mm/r。

将前面分析的各项内容综合成数控加工工序卡，见表 2-23。

表2-23　数控加工工序卡

单位名称	××××	产品名称或代号			零件名称	零件图号	
		数控车削工艺分析实例			轴套类零件		
工序号	程序编号	夹具名称			使用设备	车间	
001	5001-23	自定心卡盘(反爪)			CK6136i	数控中心	
工步号	工步内容	刀号	刀具名称	主轴转速/(r/min)	进给量/(mm/r)	背吃刀量/mm	备注
1	车 φ150mm×25mm 外形	T01	机夹车刀	800	0.10	0.4	自动
2	粗车外形	T02	机夹车刀	400	0.15	3	自动
	粗车内孔	T03	硬质合金车刀	400	0.10	1~1.5	自动
3	精车外形	T01	机夹车刀	800	0.10	0.4	自动
4	车外槽	T04	硬质合金车刀	400	0.10	0.4	自动
5	车圆弧面	T05	硬质合金车刀	800	0.10	0.4	自动
6	精车内孔	T06	硬质合金车刀	400	0.08	0.2	自动
7	车内槽	T07	硬质合金车刀	400	0.08	0.4	自动
8	车螺纹	T08	硬质合金车刀	800	2	0.1	自动
刀具选用示意图							
编制	×××	审核	×××	批准	×××	共1页	第1页

训练拓展

知识训练

一、填空题

1. 数控车削加工工艺包括_____、_____、_____等方面的基础知识。

2. 数控加工工艺文件主要包括_____、_____、_____、_____等。

3. 数控刀具调整单主要包括_____和_____。

4. _____是数控车削加工工艺制订的首要工作。

5. 最短空行程路线的设计内容有_____、_____和_____。

6. 零件的加工过程按工序性质不同分为_____、_____、_____和_____四个阶段。

7. 常用数控车削刀具分为_____、_____、_____。

8. 数控车床刀具装夹系统的形式有_____和_____。

二、简答题

1. 什么是数控车削加工工艺？

2. 概括地说，数控车削加工工艺的内容有哪些？

3. 数控加工程序单的说明内容一般有哪几点？

4. 编程时进给加工路线的确定原则是什么？

5. 制订零件车削加工顺序时应遵循什么原则？

能力训练

完成图 2-30 所示零件的数控车削加工工艺分析。

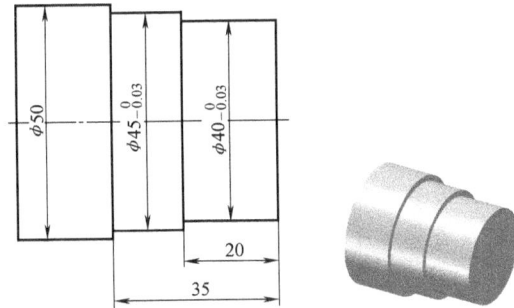

图 2-30 能力训练图样一

数控车床编程与加工基础

知识导读

输入数控系统中并使用数控车床执行一个明确的加工任务，且具有特定代码和其他规定符号编码的一系列指令称为数控程序，它是数控车床的应用软件。而生成数控车床进行零件加工的数控程序的过程，则称为数控编程。各数控系统使用的数控程序的语言规则与格式不尽相同，应用时应严格按各设备编程手册中的规定进行编制。

学习目标

知识目标

1）了解数控加工程序的概念及其编制过程。

2）掌握数控车床坐标系的定义。

3）掌握数控车床编程的规则。

4）掌握手工编程中的数学处理方法。

5）掌握刀具补偿功能的应用方法。

能力目标

1）熟练掌握数控加工程序的格式与组成。

2）掌握刀具补偿功能的应用。

3）按要求完成能力训练图样二（图3-23）的布置任务。

学习方式与评价

1）以理论+实例为例进行讲解。

2）基本知识分析讨论。根据小组讨论的热烈度、概念的准确性、逻辑性做出量化评价。

学习内容

1. 数控车床编程基础知识

数控编程是一个要求十分严格的工作，它是数控加工中重要的步骤，必须遵守各相关的标准。只有掌握一些基本的知识，才能更好地进行相应的处理、运算等，编制出合理的加工程序，实现刀具与工件的相对运动，自动完成零件的生产加工。

（1）**程序编制的内容和步骤**　数控编程步骤如图 3-1 所示，其内容说明见表 3-1。

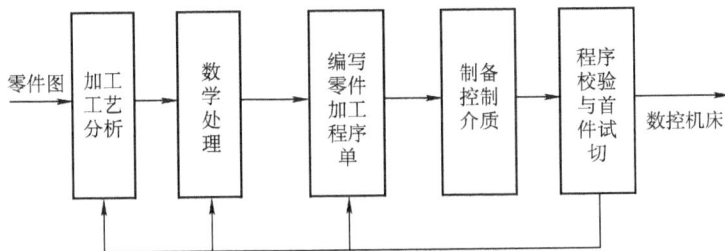

零件图 → 加工工艺分析 → 数学处理 → 编写零件加工程序单 → 制备控制介质 → 程序校验与首件试切 → 数控机床

图 3-1　数控编程步骤示意图

表 3-1　程序编制的步骤及内容说明

序号	步骤	内容说明
1	加工工艺分析	编程人员首先要根据零件图样，对零件的材料、形状、尺寸、精度和热处理要求等进行加工工艺分析，合理地选择加工方案，确定加工顺序、加工路线、装夹方式、刀具及切削用量等；同时还要考虑所用机床的指令功能，充分发挥机床的效能，加工路线要短，要正确地选择对刀点、换刀点，以减少换刀次数
2	数学处理	在完成工艺分析处理后，应根据零件的形状、尺寸、走刀路线计算出零件轮廓上各几何元素的起点、终点、圆弧的圆心坐标等
3	编写零件加工程序单	在完成上面两个步骤后，编程人员应根据数控系统规定的程序功能指令，按照规定的程序格式，逐段编写零件加工程序。此外还应附上必要的加工示意图、刀具布置图、机床调整卡、工序卡和必要的说明
4	制备控制介质	把编制好的程序单上的内容记录在控制介质上，作为数控装置的输入信息，通过手工输入或通信传输方式将程序输入数控系统
5	程序校验与首件试切	制备好的控制介质必须经过校验和试切才能正式使用。校验的方法是直接将控制介质上的内容输入到数控装置中，让机床空转，以检查刀具的运动轨迹是否正确。当发现有误差时，要及时分析误差产生的原因，找出问题所在，加以修正

（2）**数控编程的种类**　数控编程技术经历了三个发展阶段，即手工编程、APT 语言编程与交互式图形编程。由于 APT 语言是一个开发较早的计算机数控编程语言，其相关的功能处理能力不强，导致其具有直观性差、编程过程复杂、不易掌握等缺点，目前基本上被交互式图形编程系统所取代。

数控编程的种类、适用范围和优缺点见表 3-2。

表 3-2　数控编程的种类、适用范围和优缺点

种类	内容形式说明	适用范围	优缺点	解决方案
手工编程	手工编程从分析零件图样、确定加工工艺过程、数值计算、编写零件加工程序单、制备控制介质到程序校验都是由人工完成的	① 加工形状简单 ② 计算量小 ③ 程序不多 ④ 点位加工 ⑤ 由直线与圆弧组成轮廓的加工	① 工作量大 ② 程序短小精悍 ③ 出错率较高	在系统应用中，可使用一些 CAD 软件，如 AutoCAD、CAXA 电子图板等，绘制图形后在图形上测量出所需的点或圆弧半径等尺寸

51

（续）

种类	内容形式说明	适用范围	优缺点	解决方案
自动编程	采用人机对话方法由计算机绘制图形，再按照这一图形和指定的其他参数进行程序的自动生成	① 手工编程较困难时 ② 形状复杂的零件	① 速度快、精度高、直观性好 ② 使用简便 ③ 便于检查修改	CAD/CAM 一体化软件

2. 数控车床的坐标系

建立坐标系是用于确定刀具或工件的相对运动方向和位置的，也是为了确定工件几何结构上各几何关系要素（点、直线和圆弧等）的相互位置关系。

为了便于在编程时准确地描述车床的运动，简化程序的编制方法并保证各相关记录数据的正确性与互换性，数控车床的坐标和运动方向都已标准化。

（1）数控机床的坐标系及运动方向的命名原则　国际标准化组织 2001 年颁布的 ISO 841—2001 标准规定的数控机床坐标系及运动方向的命名原则有以下几条。

1）刀具相对于静止工件运动的原则。这一原则使编程技术人员能在不知道是刀具移近工件还是工件移近刀具的情况下，根据零件图样来确定车床的加工过程。

2）机床坐标系的规定。在数控机床上，机床的动作是由数控装置来控制的，为了确定机床上的成形运动和辅助运动，必须先确定机床上运动的方向和运动的距离，这就需要建立坐标系，这个坐标系称为机床坐标系。ISO 841 标准中将机床的某一运动部件运动的正方向，规定为增大刀具与工件之间距离的方向。

按照等效于 ISO 841 的我国标准 GB/T 19660—2005 规定：如图 3-2 所示，把数控机床直线运动的坐标轴 X、Y、Z（也称为线性轴），规定为右手笛卡儿坐标系。X、Y、Z 的正方向是使工件尺寸增加的方向，即增大工件和刀具距离的方向。通常以平行于主轴的轴线为 Z 轴（即 Z 轴的旋转运动由传递切削动力的主轴所决定）；而 X 轴是水平的，并平行于工件的装夹面；最后 Y 轴就可按右手笛卡儿坐标系来确定。三个旋转轴 A、B、C 相应地表示其轴线

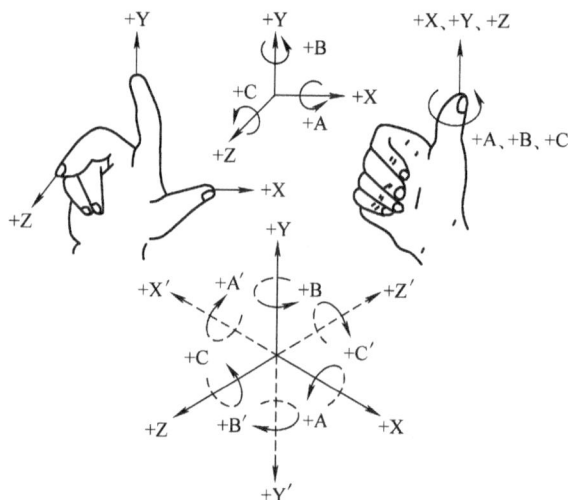

图 3-2　右手笛卡儿坐标系

平行于 X、Y、Z 的旋转运动，A、B、C 的正方向相应地为在 X、Y、Z 坐标正方向向上按右旋螺纹前进的方向。上述规定是工件固定、刀具移动的情况，反之若工件移动，则正方向分别用 X′、Y′、Z′表示。

① 工件沿 Z 轴的运动。工件沿 Z 轴的旋转运动由传递切削力的主轴所决定，与主轴轴线平行的标准坐标轴即为 Z 坐标。数控车床的 Z 坐标为工件的回转轴线，其正方向是增大刀具和工件之间距离的方向，如图 3-3 所示。

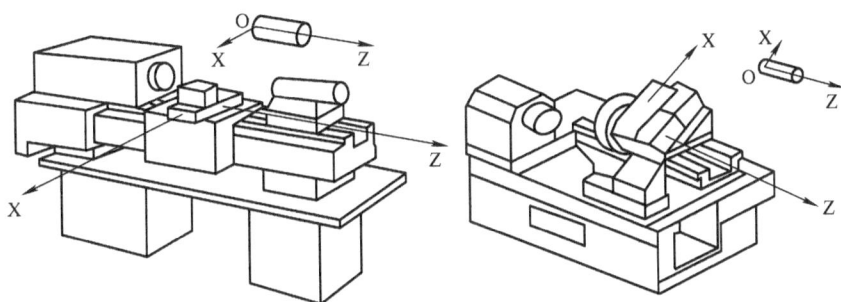

图 3-3　卧式数控车床的坐标系

② 工件沿 X 轴的运动。工件沿 X 轴的运动是水平的，平行于工件装夹面，X 坐标是刀具或工件定位平面内运动的主要坐标。对于数控车床来说，X 坐标的方向在工件的径向上，且平行于横向滑座。X 坐标的正方向是安装在横向滑座的主要刀架上的刀具离开工件回转中心的方向，如图 3-3 所示。

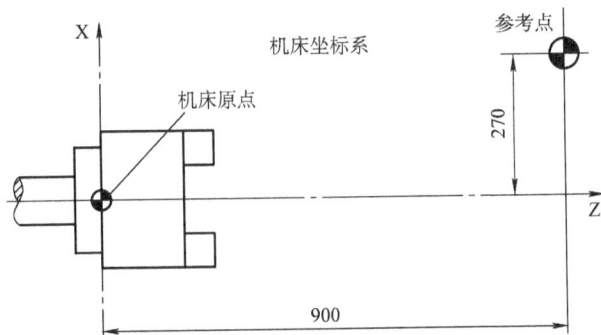

图 3-4　机床坐标系

（2）数控车床的坐标系

1）机床坐标系。机床坐标系是数控车床的基本坐标系，是以机床原点为坐标原点建立起来的 XOZ 直角坐标系，如图 3-4 所示。

机床原点是由生产厂家生产时决定的，是数控车床上的一个固定点。卧式数控车床的机床原点一般定在车床主轴前端面与中心线的交点处，但这个点不是一个物理点，而是一个定义点，是通过机床参考点间接确定的。机床参考点是一个物理点，其位置由 X、Z 向的挡块和行程开关确定。对于某台数控车床来讲，机床参考点与机床原点之间有严格的位置关系，机床出厂前已调试准确，确定为某一固定值，这个值就是机床参考点在机床坐标系中的坐标。机床在每次通电后，都必须要进行回零点的操作，以使刀架运动到机床参考点位置，其位置由机械挡块确定，这样通过机床回零操作，确定了机床原点，从而也就准确地建立了机床坐标系。

2）工件坐标系。数控车床在生产加工时，工件可以通过卡盘夹持于机床坐标系下的任何位置，这样一来用机床坐标系描述刀具的运动轨迹就尤显不便。因此，编程技术人员在编写零件加工程序时通常就选择一个工件坐标系，也称为编程坐标系，这样刀具运动轨迹就变为工件轮廓在工件坐标系下的坐标了。编程技术人员就不用再考虑工件上的各点在机床坐标系下的位置，也就大大简化了问题。

工件坐标系是各编程技术人员自行设定的，其设定的依据既要符合零件图样尺寸标注的习惯，又要方便坐标基点与节点的计算和编程。一般工件坐标系的原点最好选择在工件的定位基准、尺寸基准或是夹具的适当位置上。

根据数控车床的特点，编程时，工件坐标系原点通常设定在工件左端面或右端面的中心及卡盘前端面的中心，图3-5所示就是以工件右端面中心作为工件坐标系原点的。实际加工时因考虑工件加工余量及其加工精度，往往将工件原点选择在精加工后的端面中心或精加工后的夹紧定位面中心，如图3-6所示。

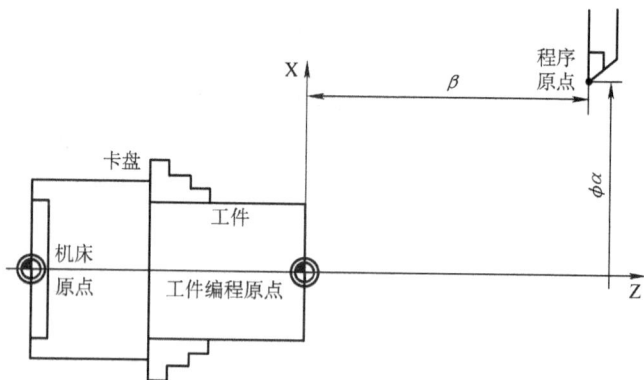

图3-5 工件原点和工件坐标系

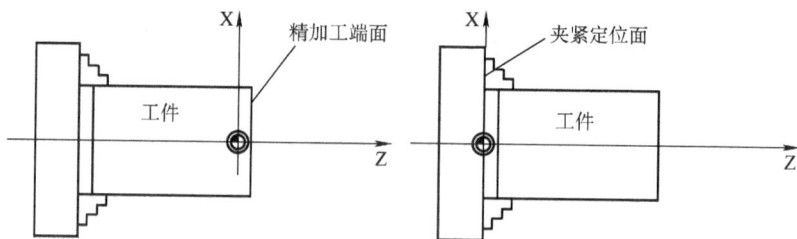

图3-6 实际加工时的工件坐标系

3）绝对坐标系统。绝对坐标系统指工作台位移从固定的基准点开始计算的坐标系统，例如，假设程序规定工作台沿X坐标方向移动，其移动距离为离固定基准点100mm，那么不管工作台在接到命令前处于什么位置，它接到命令后总是移动到程序规定的位置处停下。

4）相对坐标系统。相对（增量）坐标系统指工作台的位移从工作台现有位置开始计算的坐标系统。在这里，对一个坐标轴虽然也有一个起始的基准点，但是它仅在工作台第一次移动时才有意义，以后的移动都是以工作台前一次的终点为起始的基准点。例如，设第一段程序规定工作台沿X坐标方向移动，其移动距离离起始点100mm，那么工作台就移动到

100mm 处停下，下一段程序规定在 X 坐标方向再移动 50mm，那么工作台到达的位置离原起点就是 150mm 了。

点位控制的数控机床有的是绝对坐标系统，有的是相对坐标系统，也有的两种都有，可以任意选用。轮廓控制的数控机床一般都是相对坐标系统。编程时应注意，不同的坐标系统，其输入要求不同。

5）换刀点。换刀点是零件程序开始加工或在加工过程中更换刀具的相关点，如图 3-7 所示。

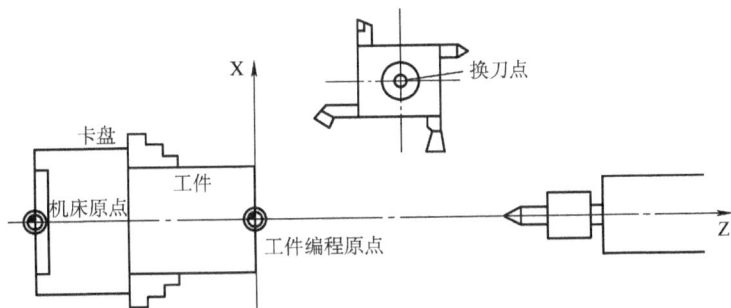

图 3-7 换刀点

设立换刀点是为了在更换刀具时让刀具处于一个比较安全的切削区域。换刀点可远离工件和尾座处，也可在便于换刀的任何地方，但该点与程序原点之间必须有确定的坐标系。

3. 数控车床的编程规则

（1）**直径编程和半径编程** 在数控车削加工中，因为零件的截面一般都为圆形，所以就有两种表示 X 坐标值的方法，即直径编程和半径编程。

1）直径编程。采用直径编程时，数控程序中 X 轴的坐标值即为零件图上的直径值。如图 3-8a 所示，点 A 和点 B 的坐标分别为 A（30，80）、B（40，60）。

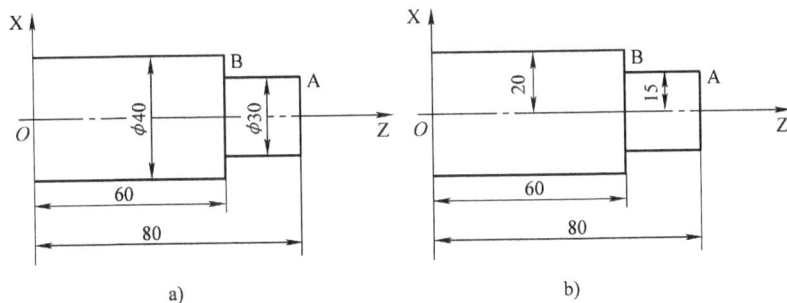

图 3-8 直径编程和半径编程

a）直径编程 b）半径编程

当用直径编程时，应当注意表 3-3 中所列的规定。

2）半径编程。采用半径编程时，数控程序中 X 轴的坐标值为零件图上的半径值。如图 3-8b 所示，点 A 和点 B 的坐标分别为 A（15，80）、B（20，60）。

表 3-3　零件用直径编程时的注意事项

项目内容	注意事项
Z 轴指令	与直径指令或半径指令无关
X 轴指令	用直径指令
用地址 U 的增量值编程	
坐标系设定(G50)	用直径指定 X 轴坐标值
刀具位置补偿时 X 值	用参数设定直径值或半径值
用 G90~G94 指令的 X 轴切深(R)	用半径值指令
圆弧插补的半径指令(R、I、K)	
X 轴方向的进给速度	
X 轴位置显示	用直径值显示

注：1. 在后面的说明中，凡是没有特别指出是直径指令还是半径指令，均为直径指令。
　　2. 刀具的位置偏差值，当切削外径时，用直径指令，位置偏差值的变化量与零件外径的研磨变化量相同。
　　3. 当刀具位置偏差量用半径指令时，刀具位置补偿值是指刀具的长度补偿值。

（2）**绝对值编程**　绝对值编程是根据事先预定的编程原点计算出绝对坐标值的一种编程方法，即程序中的终点是相对于程序原点的（也就是将刀具运动位置的坐标值表示为相对坐标原点的距离），如图 3-9 所示。绝对值编程时，用 X、Z 表示 X 轴、Z 轴的坐标值。大多数数控系统都以 G90 指令表示使用绝对坐标编程。

（3）**增量值编程**　增量值编程是根据与前一个位置的坐标值增量表示的一种编程方法，即程序中的终点坐标是相对于起点而言的（也就是目标点绝对坐标值与当前点绝对坐标值的差值），如图 3-10 所示。增量值编程时，U、W 表示 X 轴、Z 轴的坐标值，其中表示增量的字符 U、W 不能用于循环指令（如 G80、G81、G82、G71、G72、G73、G76 等）的程序段中，但可用于定义精加工轮廓的程序中。其正负由其行程方向来确定，当行程方向与工件坐标轴方向一致时，为正值，反之则为负值。大多数数控系统都以 G91 表示使用相对坐标编程。

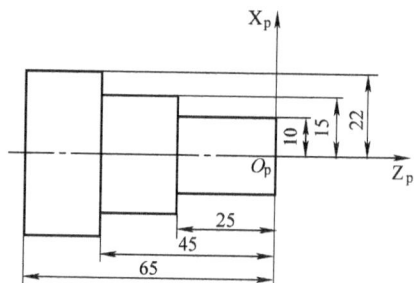

图 3-9　绝对坐标表示法

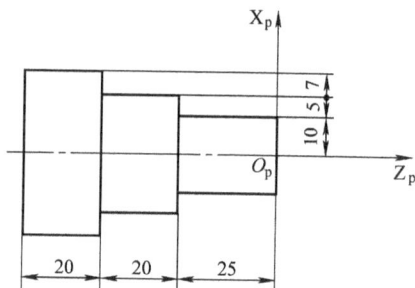

图 3-10　相对坐标表示法

当图样尺寸用一个固定基准给定时，一般采用绝对值编程较为方便；而当图样尺寸是以轮廓顶点之间的间距给出时，则采用增量值编程更为方便。在一个加工程序中，可以混合使用这两种方法编程。

（4）**小数点编程**　一般的数控系统允许输入数值时使用小数点，对于表示距离、时间和速度单位的指令值可以使用小数点。

对于距离，数值的单位是 mm 或 in；对于时间，数值的单位是 s；有时数值的单位还可能是（″）或（°）。除 X、Y、Z、I、J、K、R、F、U、V、W、A、B、C 等可用小数点输入地址外，某些地址不能用小数点。

小数点的表示通常有计算器型和常用型两种。当用计算器型表示时，不带小数点的数值的单位为 mm。当用常用型表示时，数控系统则认为是输入的最小单位，即 0.001mm，故而，当控制系统采用常用型输入数值时，切不可忽视了小数点，否则会出事故。

4. 常用术语与指令代码

（1）**字符**　字符是组织、控制或表示数据的各种符号，如字母、数字、标点符号和数学运算符号等。在功能上，字符是计算机进行存储或传递的信号；在结构上，字符是加工程序的最小组成单位。

常规加工程序用的字符分为四类，一是由 26 个英文字母组成的字母字符；二是由阿拉伯数字 0~9 与小数点组成的数字字符；三是由正号（+）、负号（-）组成的符号字符；四是由程序指令或车床功能指令组成的功能字符。

（2）**地址和地址字**　地址又称为地址符，在数控加工中，它指位于字头的字符或字符组，用以识别其后的数据；在传递信息时，它表示出处或目的地。在加工程序中常用的地址符有 N、G、X、Z、U、W、I、K、R、F、S、T 和 M 等。常用地址符的含义见表 3-4。

表 3-4　常用地址符的含义

功　能	代　码	备　注
程序号	O	程序号
程序段号	N	顺序号
准备功能	G	定义运动方式
坐标地址	X、Y、Z U、V、W A、B、C R I、J、K	轴向运动指令 附加轴运动指令 旋转坐标轴 圆弧半径 圆心坐标
进给量	F	定义进给量
主轴转速	S	定义主轴转速
刀具功能	T	定义刀具号
辅助功能	M	机床的辅助动作
子程序号	P	子程序号
重复次数	L	子程序的循环次数

地址字也称为程序字，它是由带有地址的一组字符组成的。数控加工程序中常用的地址字有以下几种。

1）顺序号字。顺序号一般也称为程序段号（或程序段序号），它表示程序段的名称。顺序号字符位于程序段之首（也可用于引导程序、主程序、子程序和用户宏程序中），其地址符为 N，后续数字一般为 1~9999 中的 1~4 位数字。

2）准备功能字。准备功能字是设立机床工作方式或控制系统工作方式的一种命令，其地址符为 G，故又称为 G 功能或 G 指令。G 指令由字母 G 及其后续二位数字组成，从 G00 到 G99 共 100 种代码。FANUC 数控系统 G 功能指令见表 3-5。

表 3-5 FANUC 数控系统 G 功能指令

指　令	组	功　能	说明(后续地址字)
* G00	01	快速定位	X、Z
G01		直线插补	X、Z
G02		圆弧插补 CW(顺时针)	X、Z、I、K、R
G03		圆弧插补 CCW(逆时针)	X、Z、I、K、R
G04	00	暂停	U(P)
G20	06	英制输入	
G21		公制输入	
G28	00	返回参考点	X、Z
G29		由参考点返回	X、Z
G30		返回第二参考点	
G32	01	螺纹切削(同参数指定绝对值和增量值)	X、Z、F、E
* G40	07	刀具补偿取消	
G41		左半径补偿	
G42		右半径补偿	
G50	00	主轴最高转速设置(坐标系设定)	X、Z
G52		设置局部坐标系	
G53	14	选择机床坐标系	
* G54		选择工件坐标系 1	
G55		选择工件坐标系 2	
G56		选择工件坐标系 3	
G57		选择工件坐标系 4	
G58		选择工件坐标系 5	
G59		选择工件坐标系 6	
G70	00	精加工循环	P、Q
G71		内/外径粗车循环	X、Z、U、W、C、P
G72		台阶粗车循环	Q、R、E
G73		成形重复循环	U、W、R、S、T
G74		Z 向进给钻削	E、X、Z、W、I、K、D、F
G75		X 向车槽	E、X、Z、I、K、D、F
G76		车螺纹循环	M、R
* G80	10	固定循环取消	
G83		钻孔循环	
G84		攻螺纹循环	
G85		正面镗循环	

（续）

指 令	组	功　　能	说明(后续地址字)
G87		侧钻循环	
G88	10	侧攻螺纹循环	
G89		侧镗循环	
G90		(内/外直径)切削循环	X、Z、F
G92	01	车螺纹循环	X、Z、R、F
G94		(台阶)切削循环	X、Z、R、F
G96		恒线速度控制	
* G97	12	恒线速度取消	
G98		指定每分钟移动量	
* G99	05	指定每分钟转动量	

注：00 组的 G 代码为非模态代码；表中带 * 者为开机时初始化的代码。

3）坐标尺寸字。它用来指定程序中刀具运动后应达到的坐标位置，该位置可以由直线坐标尺寸确定，也可以由角度坐标确定。

① 尺寸字中的地址符。直线坐标主要用于程序中指定刀具应到达的直线坐标尺寸，其地址符为 X、Y、Z 与 U、V、W 以及 P、Q、R 三组。角度坐标主要用于在程序中指定刀具到达的角度坐标，其地址符为 A、B、C 和 D、E 两组。圆心坐标主要用于指定零件圆弧轮廓的圆心坐标尺寸，即地址符 R 或系统规定的其他地址符，而不必再用 I、J、K 等地址符指定其圆心坐标尺寸。

② 绝对和增量尺寸字。程序中各尺寸字指令都不得是针对坐标尺寸而规定的。直线坐标尺寸又包括绝对与增量两种基本形式的尺寸。在加工程序中，绝对坐标尺寸和增量坐标尺寸常用具有模态（续效）的 G 指令和直接用地址符进行区分。

4）进给功能字。进给功能的地址符为 F，故又称为 F 功能或 F 指令，是主要用于指定进给（切削）速度的地址字。它的后续数字也可以为 00～99 约定的两位数代码，见表 3-6，而现在大多采用以进给速度值为其后续数字（0～9999）的指令字进行直观规定。

对于数控车床，其进给方式又可分为每分钟进给（mm/min）和每转进给（mm/r）。另外，地址符 F 还可用在螺纹切削程序段中指令其螺距（或导程），以及在暂停（G04）程序段中指令其延时时间（s）等。

5）主轴转速功能字。主轴转速功能字的地址符为 S，因而也称为 S 功能或 S 指令，是主要用于指令机床主轴转速的地址字，单位是 r/min 或 m/min。其后续数字可以是 1～4 位。对于具有恒线速度切削功能的数控车床，其加工程序中的 S 指令不再指令恒定转速，而是指令车削时恒定的线速度（m/min），即在车削时，其主轴转速应随车削直径的变化而自动变化，始终保持其线速度为给定的恒定值。

当工作在 G01、G02 或 G03 方式下时，编程的 F 值一直有效，直至被新的 F 值取代，而工作在 G00 方式下时，进给速度是各轴的最高速度，与所编程的 F 值无关。借助机床控制面板上的倍率键，F 可在一定范围内进行倍率修调。当执行攻螺纹循环 G76、G92，螺纹切削 G32 指令时，倍率开关失效，进给倍率固定在 100%。

表3-6　几何级数的速度值与代码

代码	速度值/(mm/min)	代码	速度值/(mm/min)	代码	速度值/(mm/min)	代码	速度值/(mm/min)
00	停	25	18.0	50	315	75	5600
01	1.12	26	20.0	51	355	76	6300
02	1.25	27	22.4	52	400	77	7100
03	1.40	28	25.0	53	450	78	8000
04	1.60	29	28.0	54	500	79	9000
05	1.80	30	31.5	55	560	80	10000
06	2.00	31	35.5	56	630	81	11200
07	2.24	32	40.0	57	710	82	12500
08	2.50	33	45.0	58	800	83	14000
09	2.80	34	50.0	59	900	84	16000
10	3.15	35	56.0	60	1000	85	18000
11	3.55	36	63.0	61	1120	86	20000
12	4.00	37	71.0	62	1250	87	22400
13	4.50	38	80.0	63	1400	88	25000
14	5.00	39	90.0	64	1600	89	28000
15	5.60	40	100	65	1800	90	31500
16	6.30	41	112	66	2000	91	35500
17	7.10	42	125	67	2240	92	40000
18	8.00	43	140	68	2500	93	45000
19	9.00	44	160	69	2800	94	50000
20	10.0	45	180	70	3150	95	56000
21	11.2	46	200	71	3550	96	63000
22	12.5	47	224	72	4000	97	71000
23	14.0	48	250	73	4500	98	80000
24	16.0	49	280	74	5000	99	90000

　　6）刀具功能字。刀具功能字的地址符为T，因而也称为T功能或T指令。其T代码用于选刀。执行T指令，刀架转动，选用指定的刀具。其后的4位数字分别表示选择刀具的刀具号和刀具补偿号。T代码与刀具的关系是由机床生产厂家规定的。

　　当一个程序段同时包含T代码与刀具移动指令时，先执行T代码指令，而后执行刀具移动指令。T指令同时调入刀补寄存器中的补偿值。

　　7）辅助功能字。辅助功能字的地址符为M，因而也称为M功能或M指令。它是用来指令数控机床中辅助装置的开关动作或状态的。

　　与G指令相同，M指令由字母M和其后的两位数字组成，从M00到M99共100种。M指令分为模态指令与非模态指令，其功能代码见表3-7。

　　非模态M功能只在书写了该代码的程序段中有效，模态M功能为一组可相互注销的M功能，这些功能在被同一组的另一个功能注销前一直有效。

表 3-7　数控车床辅助功能 M 代码

代码	功能开始时间		模态	非模态	功能说明
	与程序段指令运动同时开始	在程序段指令运动完成后开始			
M00		*		*	程序停止(加工程序暂停,按循环启动键则取消 M00 状态)
M01		*		*	计划停止(常用于关键尺寸的检验和临时暂停)
M02		*		*	程序结束(加工程序全部结束,机床复位)
M03	*		*		主轴顺时针方向运转
M04	*		*		主轴逆时针方向运转
M05		*	*		主轴停止
M06	#	#			自动换刀
M07	*		*		2 号切削液开
M08	*		*		1 号切削液开
M09		*	*		切削液关
M10	#	#	*		夹紧
M11	#	#	*		松开
M12	#	#	#	#	不指定
M13	*		*		主轴顺时针方向运转,切削液开
M14	*		*		主轴逆时针方向运转,切削液开
M15	*			*	正运动
M16	*			*	负运动
M17~M18	#	#	#	#	不指定
M19		*	*		主轴定向停止
M20~M29	#	#	#	#	永不指定
M30		*		*	纸带结束(程序结束并返回程序的第一条语句)
M31	#	#		*	互锁旁路
M32~M35	#	#	#	#	不指定
M36	*		*		进给范围 1
M37	*		*		进给范围 2
M38	*		*		主轴速度范围 1
M39	*		*		主轴速度范围 2
M40~M45	#	#	#	#	不指定或齿轮换档
M46~M47	#	#	#	#	不指定
M48		*	*		注销 M49
M49	*		*		进给率修正旁路

（续）

代码	功能开始时间		模态	非模态	功能说明
	与程序段指令运动同时开始	在程序段指令运动完成后开始			
M50	*			*	3号切削液开
M51	*			*	4号切削液开
M52～M54	#	#	#	#	不指定
M55	*			#	刀具直线位移,位置1
M56		*		*	刀具直线位移,位置2
M57～M59	#	#	#	#	不指定
M60		*		*	更换零件
M61	*			*	零件直线位移,位置1
M62	*			*	零件直线位移,位置2
M63～M70	#	#	#	#	不指定
M71	*			*	零件角度位移,位置1
M72		*		*	零件角度位移,位置2
M73～M89	#	#	#	#	不指定
M90～M99	#	#	#	#	永不指定

注：1. "#"号表示若选作特殊用途,必须在程序中注明。

2. "＊"号表示对该具体情况起作用。

3. M90～M99可指定为特殊用途。

　　一般情况下,数控车床上常用的辅助功能中,M00、M02、M30、M98、M99为CNC内定的辅助功能,不由数控车床生产制造商设定,与数控车床的PLC设定无关,它们其余的功能不由CNC决定,可以由数控车床生产制造商自行设定,其功能含义可能因生产制造商的不同而不同,因而应按照所用数控系统说明书中的具体规定使用。

　　在数控系统中,特别是数控铣床中,有时还使用第二辅助功能,也就是B功能。它是用来指令工作台进行分度的功能,B功能用地址B及其后面的数字来表示。

5. 数控加工程序的格式与组成

　　（1）数控加工程序的组成　数控加工程序是由遵循一定结构、句法和格式规则的若干个程序段组成的,每个程序段由若干个指令字组成。一个完整的数控加工程序由程序号、程序主体和程序结束符三部分组成,如图3-11所示。

　　1）程序号。程序号位于数控加工程序主体之前,是数控加工程序的开始部分,一般独占一行。为了区别存储器中的数控加工程序,每个数控加工程序都要有程序号。程序号一般由规定的字母 "O" "P" 或符号 "%" ":" 开头,后面紧跟若干位数字组成,常用的有两位数字和四位数字两种,数字首位的 "0" 可以省略（但其后续数字切不可为四个 "0"）。

　　程序号的另一种形式是以英文字母、数字和符号 "—" 混合组成,比较灵活。程序号具体采用何种形式是由数控系统决定的。

　　2）程序主体。程序的主体也就是程序的内容,它是整个程序的核心部分,由多个程序

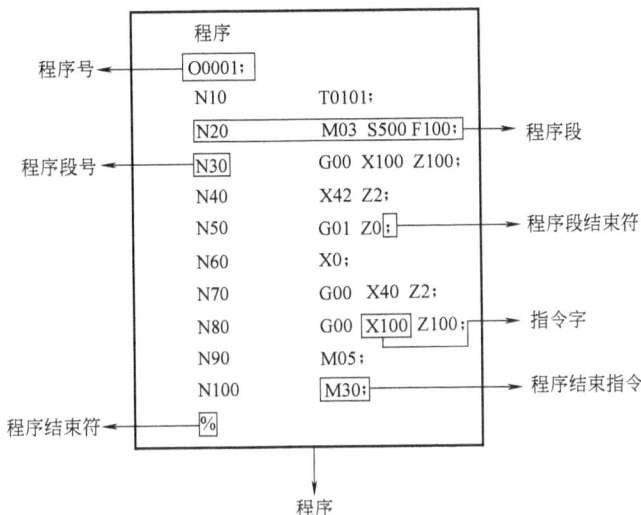

图 3-11　程序的结构

段组成，程序段是数控程序中的一句，单列一行，表示零件的一段加工信息，用于指令机床完成某一个动作。若干个程序段的集合，则完整地描述了某一个零件的所有加工信息。

3）程序结束符。通常在程序结束的最后会有程序结束指令，用于停止主轴、切削液和进给，并使控制系统复位。程序结束的标记符一般与程序起始符相对应。程序以程序结束指令（结束标记符）M02 或 M30 作为整个程序的结尾，来结束整个程序。M02 或 M30 允许与其他程序字合用一个程序号，但最好还是将其单列一段。

（2）**加工程序的结构**　数控加工程序的结构形式随着数控系统功能的强弱而略有不同。对于功能较强的数控系统，加工程序可分为主程序和子程序，其结构见表 3-8。

表 3-8　主程序与子程序的结构形式

程序名称	结构形式	
	程序结构	说明
主程序	O8002； N10 G92 X100. Z50. ； N20 S700 M03 T0101 ； … N80 M98 P7008 L3； … N100 M30 ；	主程序号 调用子程序 程序结束
子程序	O7008 ； N10 G01 U-12. F0.1； N20 G04 X1.0； N30 G01 U12. F0.2； N40 M99 ；	子程序 程序返回

1）主程序。主程序即加工程序，它由指定加工顺序、刀具运动轨迹和各种辅助动作的程序段组成，是加工程序的主体结构。一般情况下，数控机床是按其主程序的指令执行数控加工的。

2）子程序。在一个加工程序中，如果有几个连续的程序段完全相同（即一个零件中的几处几何形状相同，或顺次加工几个相同的零件），为了缩短程序，可将这些重复的程序段单独抽出，按规定的格式编制成子程序，并事先存储于存储器中，需要时可直接调用，这样可简化主程序（子程序以外的程序段为主程序）。通常情况下，数控机床是按主程序的指令进行工作的，当遇到子程序中有返回主程序的指令时，将返回主程序，继续按主程序的指令进行工作。

（3）**程序段格式** 为了完成某一运动要求所需的程序字的组合，就是程序段。第一个程序字是一个控制机床的具体指令，是由地址符和字符组成的。程序段格式是指程序字在程序中的顺序以及书写方式的规定。一般不同的数控系统，其规定的程序段的格式不一定相同。程序段格式有很多种，如固定程序段格式、使用分隔符的程序段格式、使用地址符的程序段格式等。常用的使用地址符的程序段格式见表 3-9。

表 3-9　使用地址符的程序段格式

1	2	3	4	5	6	7	8	9	10	11
N __	G __	X __ U __	Y __ V __	Z __ W __	I __ J __ K __ R __	F __	S __	T __	M __	LF
顺序号	准备功能	坐标尺寸字				进给功能	主轴功能	刀具功能	辅助功能	结束符号

表 3-9 中的程序段格式用地址码来指明指令数据的意义，程序段中的字和数目是可变的，因此程序段的长度也是可变的，所以这种形式的程序段又称为地址符可变程序段格式。使用地址符的程序段格式的优点是程序段中所包含的信息可读性高，便于人工编辑修改，为数控系统解释执行数控加工程序提供了一种便捷的方式。

6. 数控加工中的数学计算

在数控加工编程中，需要对工件各基点、节点的坐标值进行计算，以便更好地保证刀具运行轨迹的正确性，从而达到使工件各尺寸合格的技术要求。因而，正确掌握基本的数学处理方法是很有必要的。

数学处理的内容主要包括数值换算、尺寸链解算、坐标值计算和辅助计算等。

（1）**数值换算** 在很多情况下，因图样上的尺寸基准与编程时所需的尺寸基准不一致，所以首先要将图样上的基准尺寸换算为编程坐标系中的尺寸，以便用于下一步的数学处理工作。

数值换算包含两个方面，一是直接换算，一是间接换算。直接换算是指通过图样上的标注尺寸即可获得编程尺寸的一种方法。进行直接换算时，对图样上给定的公称尺寸或极限尺寸的中值，经过简单的加、减等运算，便可达到要求。

如图 3-12b 所示，除尺寸 42.1mm 外，其余尺寸均属直接按图 3-12a 所示的标注尺寸经换算后得到的编程时的尺寸。其中 $\phi59.94$mm、$\phi20$mm 与 140.08mm 三个尺寸为分别取两极限尺寸平均值后得到的编程尺寸。在取极限尺寸中值时，一般取小数点后两位（0.01），基准孔按照"四舍五入"的方法，基准轴则将第三位进上。

图样中的尺寸需通过平面几何、三角函数等计算方法进行必要的解算后才能得到其编程尺寸的方法，称为间接换算法。用间接换算法所换算出来的尺寸，可以是直接换算所需的基

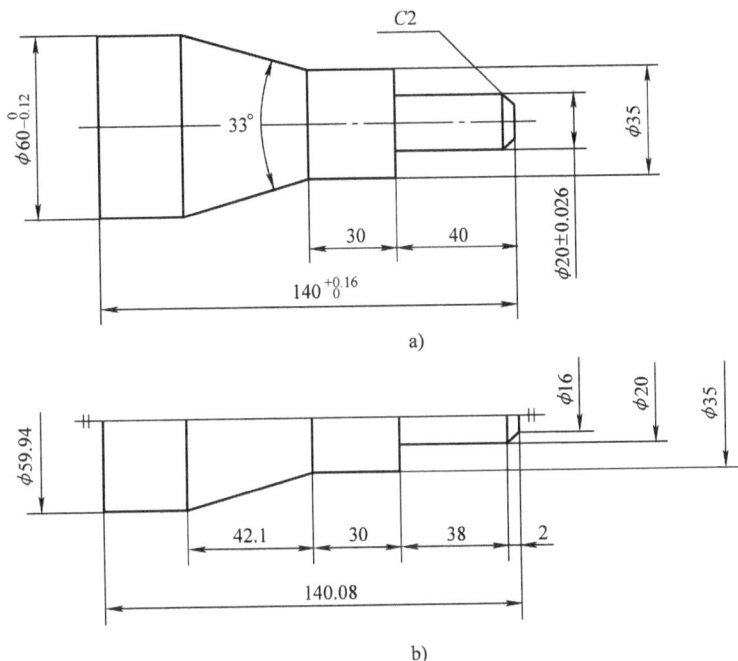

图 3-12 标注尺寸换算

a) 图样 b) 编程尺寸

点坐标尺寸，也可以是为计算某些点坐标值所需要的中间尺寸。图 3-12b 所示的 42.1mm 就属于间接换算后得到的编程尺寸。

（2）尺寸链解算 在数控加工中，除了要准确地得到编程尺寸外，还要注意某些重要尺寸的允许变动量，这需要通过尺寸链解算才能得到。

例 1 如图 3-13 所示的齿轮装配中，要求装配后齿轮端面与箱体凸台端面之间有 0.1～0.3mm 的轴向间隙，已知 $B_1 = 80^{+0.1}_{0}$mm，$B_2 = 60^{0}_{-0.06}$mm，问 B_3 尺寸应控制在什么范围内才能满足装配要求？

解：根据题意绘出装配图的公称尺寸链简图，如图 3-14 所示。

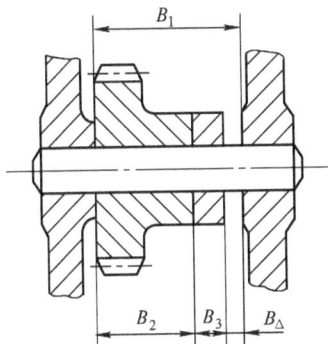

图 3-13 装配尺寸与间隙

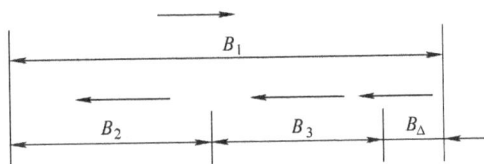

图 3-14 尺寸链简图

确定封闭环、增环和减环分别为 B_Δ、B_1 和 B_2、B_3。

再列尺寸链方程式计算 B_3。则有

$$B_\Delta = B_1 - (B_2 + B_3)$$
$$B_3 = B_1 - B_2 - B_\Delta$$
$$= (80 - 60 - 0)\,\text{mm}$$
$$= 20\,\text{mm}$$

最后确定 B_3 的极限尺寸

$$B_{\Delta max} = B_{1max} - (B_{2min} + B_{3min})$$
$$B_{3min} = B_{1max} - B_{2min} - B_{\Delta max}$$
$$= (80.1 - 59.94 - 0.3)\,\text{mm}$$
$$= 19.86\,\text{mm}$$
$$B_{\Delta min} = B_{1min} - (B_{2max} + B_{3max})$$
$$B_{3max} = B_{1min} - B_{2max} - B_{\Delta min}$$
$$= (80 - 60 - 0.1)\,\text{mm}$$
$$= 19.9\,\text{mm}$$

所以 $B_3 = 20^{-0.10}_{-0.14}\,\text{mm}$。

（3）坐标值计算 编制加工程序时，计算坐标值的工作有基点的直接计算、节点的拟合计算和刀具中心轨迹的计算等。

坐标值计算的一般方法如图 3-15 所示。

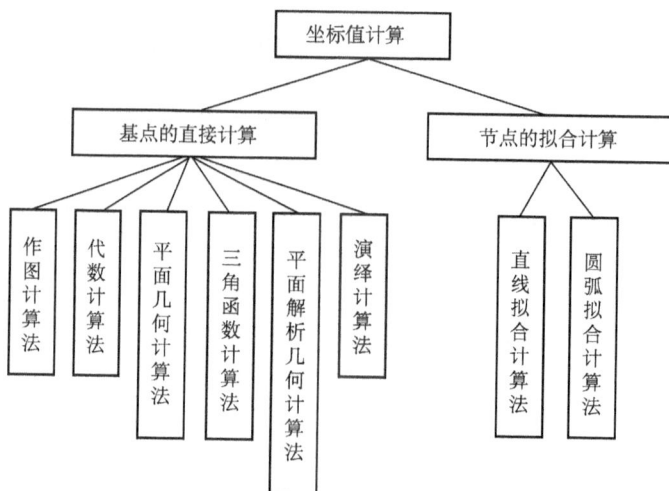

图 3-15 坐标值计算的一般方法

1）基点的直接计算。构成零件轮廓的不同几何素线的交点或切点称为基点（图 3-16），它可以直接作为运动轨迹的起点或终点。如图 3-16 所示的 A、B、C、D、E 和 F 各点都是该零件轮廓上的基点。根据直接填写加工程序段时的要求，该计算内容主要有每条运动轨迹（线段）的起点

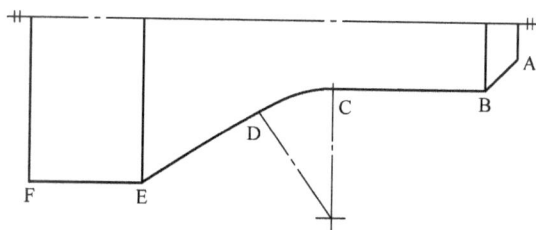

图 3-16 零件轮廓上的基点

66

或终点在选定坐标系中的各坐标值和圆弧运动轨迹的圆心坐标值。

基点的直接计算法比较简单，一般根据零件图样所给定的已知条件由人工完成。

2）节点的拟合计算。当采用不具备非圆曲线插补功能的数控机床加工非圆曲线轮廓的零件时，在加工程序的编制工作中，经常要用直线或圆弧去近似代替非圆曲线，称为拟合处理。

拟合线段的交点或切点称为节点。如图 3-17 所示的 G 点为圆弧拟合非圆曲线时的节点，B、C 和 D 点均为直线拟合非圆曲线时的节点。节点拟合计算的难度及工作量都较大，故宜通过计算机完成，必要时，也可由人工计算完成，但对编程者的数学处理能力要求较高。拟合结束后，还必须通过相应的计算，对每条拟合段的拟合误差进行分析。

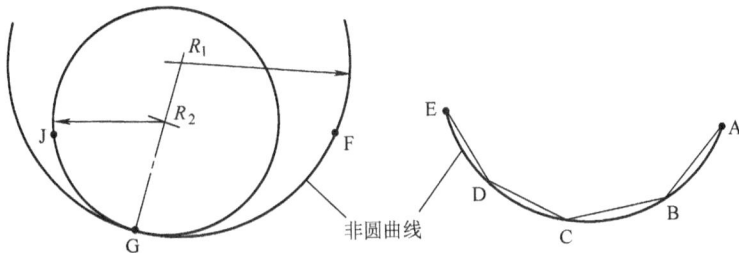

图 3-17　拟合与节点

（4）刀具中心运动轨迹的计算　当采用圆弧形车刀进行车削加工时，因刀位点规定在刀具中心（轴线）上，故编程时，应根据工件的加工轮廓和设定的刀具半径量，按刀具半径补偿方法编制刀具中心运动轨迹的程序段。这时，所需的数学处理工作就是完成刀具中心运动轨迹上各基点或节点坐标值的计算。

（5）辅助计算

1）辅助程序段的坐标值计算。这项工作主要包括计算刀具在切削开始之前，从对刀点（或机床固定原点）到切削起点间所需引入程序段中的坐标值，以及刀具离开被加工零件后，退出、换（转）刀或回零时所需空行程序段中的坐标值等。

2）切削用量的辅助计算。这项计算主要指在编程工作中，对由经验估计的某切削用量（如主轴转速、进给速度以及与背吃刀量相关的加工余量分配等）进行的分析与核对工作。

3）脉冲数计算。对于某些规定采用脉冲数输入方式的数控系统，一般需要将已经计算出的基点或节点坐标值换算成编程所需脉冲数。

辅助计算还包括对数值计算误差的处理计算（如尾数取舍），有的编程工作还需要进行少量的数制换算等。

7. 刀具补偿功能

数控加工过程中，不可避免地存在刀具磨损现象，这时加工出来的零件尺寸就不符合零件生产加工的要求了。如果系统功能中有刀具补偿功能，则可在操作面板上输入相应的修正值，使加工出的尺寸符合要求。否则，就需要重新编写零件的数控加工程序。

刀具补偿功能是用来补偿刀具实际安装位置（或实际刀尖圆弧半径）与理论编程位置（刀尖圆弧半径）之差的一种功能。刀具补偿是数控车床的一种主要功能。刀具的尺寸补偿通常有三种：刀具位置补偿、刀具磨损补偿、刀尖圆弧半径补偿。

（1）刀具位置补偿　在数控生产中，当采用不同尺寸的刀具加工同一轮廓尺寸的零件，或者是同一名义尺寸的刀具因换刀重调、磨损及切削力使工件、刀具、机床变形而引起工件尺寸的变化时，为加工出合格的零件，必须进行刀具位置补偿。

如图3-18所示，车床的刀架装有不同尺寸的刀具，设图示刀架的中心位置 P 为各刀具的换刀点，并以1号刀具的刀尖 B 点为所有刀具的编程起点。当1号刀具从 B 点运动到 A 点时，其增量值为

$$U_{BA} = X_A - X_1$$
$$W_{BA} = Z_A - Z_1$$

当换为2号刀具加工时，C 点为2号刀具的刀尖所在位置，如果能知道 B 点和 C 点的坐标差值，就可以利用这个差值对 B 点到 A 点的位移量进行修正，就能实现从 C 点到 A 点的运动。因此，将 B 点（作为基准刀尖位置）对 C 点的位置差值用以 C 为原点的直角坐标系 I、K 来表示（图3-18）。

当从 C 点到 A 点时

$$U_{CA} = (X_A - X_1) + I_\Delta$$
$$W_{CA} = (Z_A - Z_1) + K_\Delta$$

式中，I_Δ、K_Δ 分别为 X 轴、Z 轴的刀补量，它们可由键盘输入数控系统。由上式可知，从 C 点到 A 点的增量值等于从 B 点到 A 点的增量值加上刀补值。

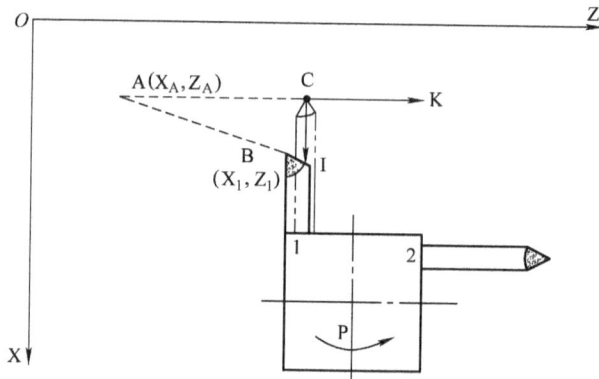

图3-18　刀具位置补偿示意图

当2号刀具加工结束时，刀架中心位置必须回到换刀位置 P 点，也就是2号刀的刀尖必须从 A 点回到 C 点，但程序是以回到 B 点来编制的，只给出了 A 点到 B 点的增量，因此也必须用刀补值来修正，即

$$U_{AC} = (X_1 - X_A) - I_\Delta$$
$$W_{AC} = (Z_1 - Z_A) - K_\Delta$$

从上面的分析可以看出，数控系统进行刀具位置的补偿，就是用刀补值对刀补建立程序段的增量值进行加修正，对刀补撤销段的增量值进行减修正。

如图3-18所示的1号刀是标准刀，只要在生产加工之前输入与标准刀的差 I_Δ、K_Δ 就可以了。在这种情况下，标准刀磨损后，整个刀库中的刀补都要改变。为此，有的数控系统要求刀具位置补偿的基准点为刀具相关点。因此，每把刀都要输入 I_Δ、K_Δ，其中 I_Δ、K_Δ 是

刀尖相对刀具相关点的位置差（图 3-19），也就是图中的 Q、L。

（2）**刀具磨损补偿**　刀具磨损补偿用于补偿当刀具磨损后刀具头部与原始尺寸的误差，如图 3-20 所示。这些补偿数据通常是通过对刀具磨损偏置量进行测量收集后，准确地储存到刀具数据库中，并且刀具的几何补偿（位置补偿）和磨损补偿存放在同一个寄存器的地址号中，然后在数控系统中通过程序中的刀补代码提取并通过移动溜板来实现。

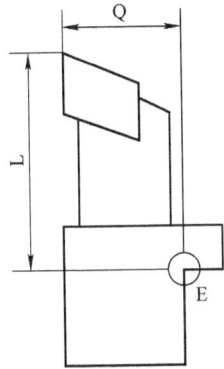

（3）**刀尖圆弧半径补偿**　对于数控车削加工来说，为了增加刀头强度，延长刀具的使用寿命，车刀的刀尖通常刃磨成一段半径很小的圆弧，而假设的刀尖点（一般是通过对刀仪测量出来的）并不是切削刃圆弧上的一点，如图 3-21 所示。因此，在车削锥面、倒角或圆弧时，可能会造成切削加工不到位或切削过量（过切）的现象。图 3-22 所示为切削锥面时因切削加工不足而产生的加工误差。因此，当使用车刀来切削加工锥面时，必须对假设的刀尖点的路径进行适当的修正，才能使之切削加工出来的工件能获得正确的尺寸。

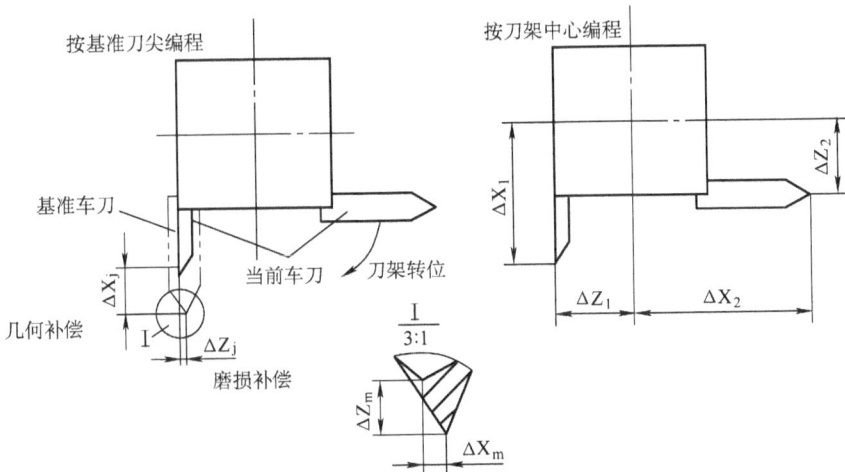

图 3-19　刀具
位置补偿

图 3-20　刀具磨损补偿

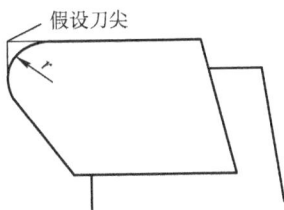

图 3-21　车刀假设刀尖与刀尖圆弧

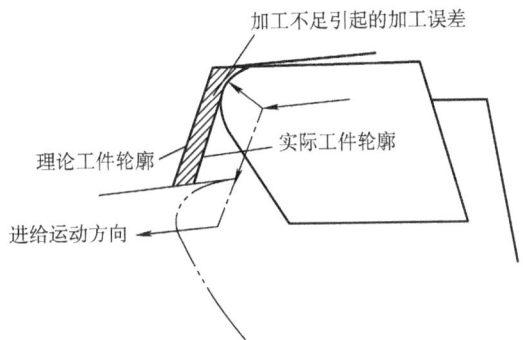

图 3-22　因加工不足产生的加工误差

8. 数控机床的误差补偿

数控机床在整个生产加工过程中，其指令的输入、译码、计算以及控制电动机的运动都是由数控系统来控制自动完成的，操作者不能对加工误差加以调整，这就需要数控系统提供各种补偿功能，以便在加工过程中自动补偿一些有规律的误差，提高零件的加工精度。

根据数控机床加工误差的主要来源，其解决的方法主要有：

1）反转间隙补偿。在数控进给传动链中，机械齿轮的传动、滚珠丝杠螺母等机构都会存在一些反转现象，这种反转会造成在工作台反向运动时的运动间隙（也就会出现电动机空转而工作台不运动），从而造成半闭环系统的误差和全闭环系统的位置环振荡不稳定，因此必须采取调整和预紧的方法来解决。

在半闭环系统中可采取将其间隙值测出，然后作为参数输入数控系统的方法，以便每当数控机床反向运动时，数控系统会控制电动机多走一段数值等于间隙值的距离，从而补偿间隙误差。但应注意，对全闭环数控系统不能采用此方法（通常数控系统要求间隙值设为零），因此必须从机械上减小或消除间隙。

2）螺距误差补偿。在半闭环系统中，尽管采用了高精度的滚珠丝杠副，但制造误差总是存在的。要得到超过滚珠丝杠副精度的运动误差，就必须采用螺距误差补偿功能，利用数控系统对误差进行补偿和修正，其方法为：

① 安装测量位移的高精度装置。

② 考虑所选点的数目及距离受数控系统的限制，简化程序的编制。

③ 进行运动点的实际精确位置记录。

④ 标出各误差点，形成在不同指令位置处的误差表。

⑤ 多次测量，取平均值。

⑥ 将误差表中的数据输入数控系统，进行补偿。

训练拓展

知识训练

一、填空题

1. 数控编程技术的三个发展阶段是_____、_____和_____。

2. 数控编程的种类有_____和_____。

3. 坐标系是用于确定_____的相对_____的。

4. 机床坐标系是以_____为坐标系建立起来的_____直角坐标系。

5. 换刀点是零件程序_____或_____更换刀具的相关点。

6. 一个完整的数控加工程序由_____、_____和_____三部分组成。

7. 刀具的尺寸补偿通常有_____、_____和_____三种补偿方式。

二、简答题

1. 简述数控程序的编制步骤。

2. 工件坐标系原点一般最好选择在什么位置？

3. 什么是绝对和相对坐标系？

4. 什么是直径与半径编程？

能力训练

根据图 3-23 所示坐标的情况，写出图中 A、B、C 的相对坐标。

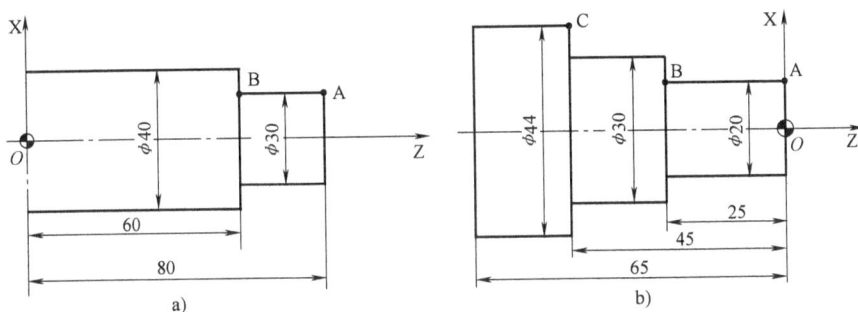

图 3-23　能力训练图样二

a）图：A（　　　　）、B（　　　　）。

b）图：A（　　　　）、B（　　　　）、C（　　　　）。

基础知识四 数控车床的操作

知识导读

数控车床的型号繁多，系统也多种多样，但操作的基本原理与工作内容是相同的。数控车床的操作主要包括数控车床操作面板的操作、手动控制、程序的输入和编辑等工作内容。

学习目标

知识目标

1）掌握安全文明生产的要求。

2）认识并掌握数控车床面板操作按钮的功能。

3）掌握数控车床的润滑保养要求。

能力目标

1）掌握 MDI 运行方式。

2）掌握数控程序的输入与删除操作方法。

3）掌握数控程序的自动加工运行操作。

4）按要求完成能力训练布置任务。

5）上机操作，完成能力训练图样三（图 4-8）零件加工程序的输入。

学习方式与评价

1）以实训操作为主进行讲解。

2）分工合作。根据小组成员分工的明确性、任务分配的合理性以及小组分工的职责明细表进行量化评价。

3）基本知识分析讨论。根据小组讨论的热烈度、概念的准确性、逻辑性做出量化评价。

学习内容

认识数控车床操作面板以及正确使用各功能按钮是数控车床操作的入门知识。由于各数控生产厂家的不同，所以其系统、操作面板也不相同，本书以 FANUC 0i Mate TB 系统为例。本部分以介绍其操作面板和各功能键以及操作为主。

1. 安全文明生产

安全文明生产是现代企业制度中一项十分重要的内容。数控加工是一种先进的加工方法，与普通车床加工相比，数控车床自动化程度高，因此，操作者除了应掌握数控车床的性能外，还应用心去操作。一是要管好、用好和维护好数控车床，二是必须养成安全文明生产的良好工作习惯和严谨的工作作风，同时必须具备良好的职业素养、强烈的责任心和较好的合作精神。

（1）安全操作规程　要使数控车床能充分发挥其应有的作用，必须严格按照数控车床操作规程去做，具体要求为：

1）进入数控实训场地后，应服从安排，不得擅自启动或操作车床数控系统。

2）按规定穿戴好工作服、帽子、护目镜等。

3）不准穿高跟鞋、拖鞋上岗，更不允许戴手套和围巾进行操作。

4）起动车床前应仔细检查车床各部分结构是否完好，各传动手柄、变速手柄的位置是否正确，还须按要求认真对车床进行润滑保养。

5）操作、使用数控系统面板时，对各按键、按钮的操作不得用力过猛，更不允许用扳手或其他工具进行操作或敲击。

6）严禁两人同时操作车床，防止发生意外伤害事故。

7）手动操作中，应注意观察，防止刀架、刀架电动机与车床尾座等部位发生碰撞，造成设备或刀具的损坏。

8）操作过程中，工具、量具、工件、夹具等应放置在规定位置，不得放置在溜板、主轴箱、防护罩上。卡盘扳手任何时候都不得"停放"在卡盘上。

9）车床使用中，发现问题应及时停机并迅速汇报。

10）完成对刀后，要做模拟换刀试验，以防止正式操作时发生撞坏刀具、工件或设备的事故。

11）车床进行自动加工时，应关闭防护门，随时注意观察。在车床加工过程中，不允许离开操作岗位，以确保安全。

12）观察者应选择好观察位置，不要影响操作者的操作，不得随意开启防护门、罩进行观察。

13）实训中严禁嬉闹、大声喧哗。

14）实训结束时，应按规定对车床进行保养，并认真做好车床使用记录或交接班记录。

15）遵守实训场地的安全规定，保持实训环境的卫生。

（2）数控车床的使用管理　数控车床是目前机械制造行业中应用最广泛的一种机电高度结合的一体化产品。虽然它自动化、智能化程度不断提高，但要保证其正常、高效运行，生产出合格的产品，并有较长的使用寿命，操作者必须对其进行严格的管理。数控车床的管理分为前期管理、使用管理、维修管理。前期管理主要指从数控车床选型、采购、运输、安装、调试到验收的管理工作；使用管理主要指在加工产品的过程中，车床日常使用维护的管理工作；维修管理主要指在数控车床出现故障，进行大、中、小修时的管理要求与管理方法。

数控车床的使用操作人员必须经过良好的专业培训，对车床的结构、原理有一定了解；

熟悉数控车床数控系统的操作方法，受过相应操作与维护培训；能熟练掌握数控车床的基础操作技能，且具有相应操作证书。

数控车床的维护、维修人员应熟悉数控车床的结构、原理，掌握数控车床的操作与工作方法，具备相应的机械与电气设备修理能力，受过相关的专业技能培训，且具有相应操作证书。

在数控车床使用中应指定专人负责车床的维护管理工作，操作、维护人员应相对稳定，具有高度的责任心，能自觉维护与爱惜设备。

（3）日常维护　不同数控车床的数控系统，其使用维护的方法在其随机所带的使用说明书中都有明确的规定。除按规定进行日常维护外，还应注意以下几点。

1）制定严格的设备管理制度，定岗、定人、定机，严禁无证人员随便开机。

2）制定数控系统的日常维护规章制度。根据各种部件的特点，确定保养条例。

3）严格执行机床说明书中的通断电顺序。一般来讲，通电时先强电后弱电，先外围设备（如通信 PC）后数控系统；断电时，与通电顺序相反。

4）应尽量少开数控柜和强电柜的门。因为机加工车间空气中一般都含有油雾、飘浮的灰尘甚至金属粉末，一旦它们落在数控装置内的印制电路板或电子器件上，容易引起元器件间的绝缘电阻下降，并导致元器件及印制电路板损坏。为使数控系统能超负荷长期工作，采取打开数控装置柜门散热降温的方法更不可取，其最终结果是导致系统的加速损坏。因此，除进行必要的调整和维修外，不允许随便开启柜门，更不允许敞开柜门加工。

5）定时清理数控装置的散热通风系统。应每天检查数控装置上各个冷却风扇工作是否正常，并视工作环境的状况，每半年或每季度检查一次风道过滤网是否有堵塞现象。当过滤网上灰尘积聚过多时，应及时清理，否则会引起数控装置内部温度过高（一般不允许超过55℃），致使数控系统不能可靠地工作，甚至发生过热报警现象。

6）数控系统的输入/输出装置的定期维护。软驱和通信接口是数控装置与外部进行信息交换的重要途径，如有损坏，将导致读入信息出错。为此，软驱仓门应及时关闭；通信接口应有防护盖，以防止灰尘、切屑落入。

7）经常监视数控装置用的电网电压。通常数控装置允许电网电压在额定值的±(10~15)%的范围内、频率在±2Hz 内波动。如果超出此范围，就会造成系统不能正常工作，甚至会引起数控系统内的电子元器件损坏。必要时可增加交流稳压器。

8）存储器电池的定期更换。存储器一般采用 CMOS RAM 器件，设有可充电电池维持电路，防止断电期间数控系统丢失存储的信息。在正常电路供电时，由+5V 电源经一个二极管向 CMOS RAM 供电，同时对可充电电池充电。当电源停电时，则改由电池供电保持 CMOS RAM 的信息。在一般情况下，即使电池尚未失效，也应每年更换一次，以确保系统能正常地工作。但要注意，更换电池应在 CNC 装置通电状态下进行，以避免系统数据丢失。

9）数控系统长期不用时的维护。若数控系统处在长期闲置的情况下，要经常给系统通电，特别是在环境湿度较大的梅雨季节，更要这样。在机床锁住不动的情况下，让系统空运行，一般每月通电 2~3 次，通电运行时间不少于 1h，利用电器元件本身的发热来驱散数控装置内的潮气，以保证电器元件性能的稳定可靠及充电电池的电量。

10）备用印制电路板的维护。印制电路板长期不用很容易出故障，因此，对于已购置的备用印制电路板应定期装到数控装置上通电运行一段时间，以防损坏。

2. 认识数控系统控制面板按钮及其功能

(1) FANUC 0i Mate TB 数控系统 CRT 界面（图 4-1）

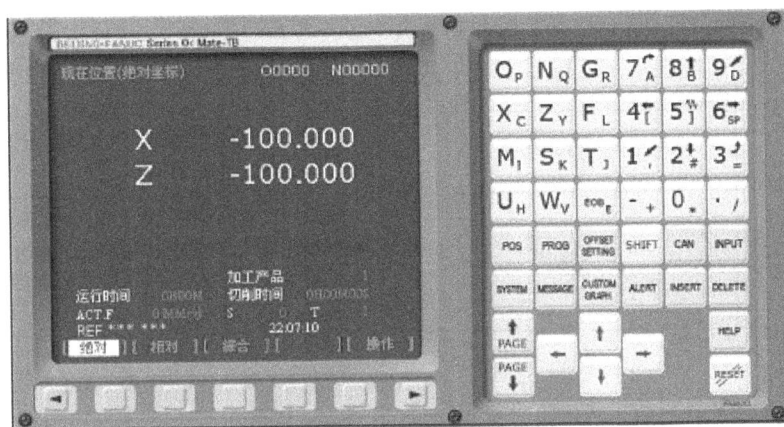

图 4-1　FANUC 0i Mate TB 数控系统 CRT/MDI 单元

(2) MDI 键盘的布局与各键的功能说明　MDI 键盘的布局如图 4-2 所示。

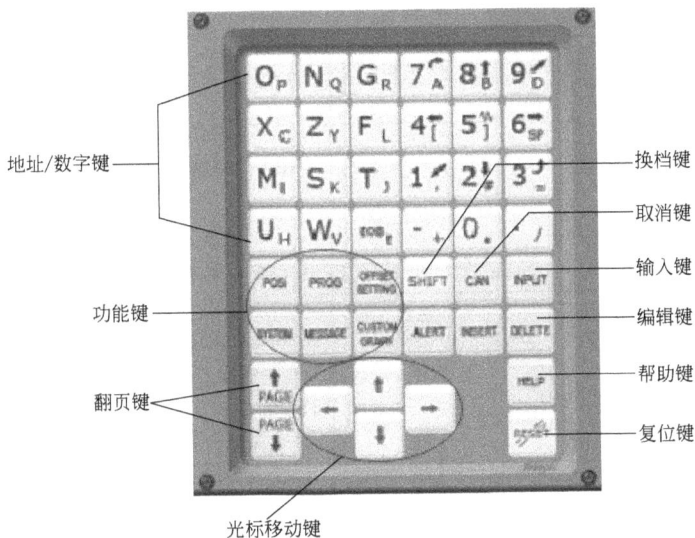

图 4-2　MDI 键盘的布局

MDI 键盘功能说明见表 4-1。

表 4-1　MDI 键盘功能说明

名　称	图　标	功　能　说　明
复位键	RESET	按下这个键可以使数控系统复位或者取消报警
帮助键	HELP	当对 MDI 键的操作不明白时，按下这个键可以获得帮助

（续）

名　称	图　标	功能说明
软键		不同的界面,软键有不同的功能。软键功能显示在 CRT 屏幕的底端,左右两侧为菜单翻页键
地址/数字键	O_P ...	按下这些键可以输入字母、数字或是其他字符
换档键	SHIFT	功能键中的某些键具有两个功能,按下"SHIFT"键可以在两个功能之间进行切换
输入键	INPUT	当按下一个字母键或数字键时,再按该功能键,数据被输入到缓存区,并显示在屏幕上。要将输入缓存区的数据复制到偏置寄存器时,可按下该键。这个键与软键中的"INPUT"键是等效的
取消键	CAN	用于删除最后一个进入输入缓存区的字符或符号
编辑键	ALERT	替换键,用于程序字的代替
	INSERT	插入键,用于程序字的插入
	DELETE	删除键,用于删除程序字、程序段及整个程序
功能键	POS	按下这些键,切换不同功能的显示屏幕: POS 用于显示刀具的坐标位置; PROG 用于在编辑方式下编辑、显示存储器中的程序,在 MDI 方式下输入及显示 MDI 数据,在自动方式下显示程序指令值; OFFSET SETTING 用于设定和显示刀具补偿值、工件坐标系、程序变量; SYSTEM 用于参数的设定、显示及自诊断功能数据的显示; MESSAGE 用于报警信号显示及报警记录显示; CUSTOM GRAPH 用于模拟刀具轨迹的图形显示
	PROG	
	OFFSET SETTING	
	SYSTEM	
	MESSAGE	
	CUSTOM GRAPH	
光标移动键	→	将光标向右或向后(一行)移动
	←	将光标向左或向前(一行)移动
	↓	将光标向下或向后(屏幕)移动
	↑	将光标向上或向前(屏幕)移动

（续）

名　称	图　标	功能说明
翻页键	PAGE ↓	该键用于将屏幕显示界面向前翻页
	↑ PAGE	该键用于将屏幕显示界面向后翻页

（3）**操作面板介绍**　FANUC 0i Mate TB 数控系统操作面板如图 4-3 所示。

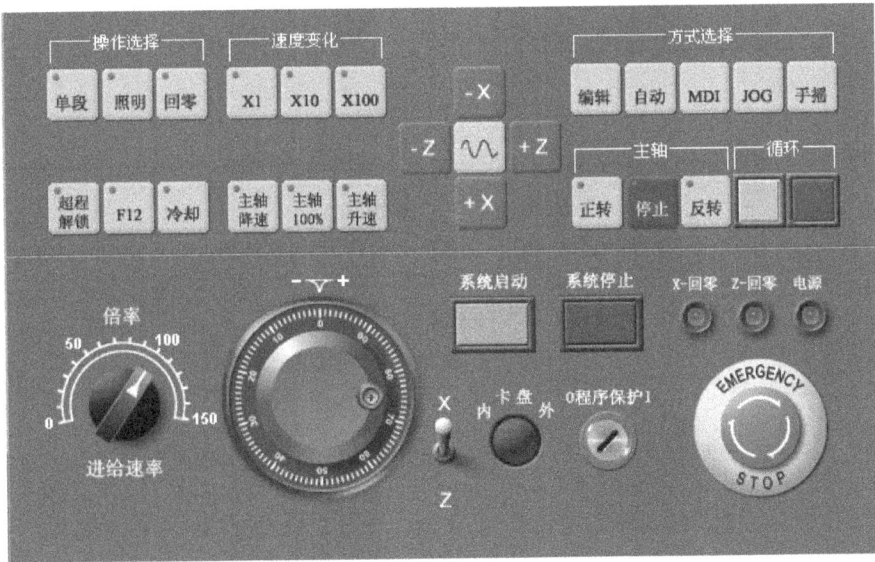

图 4-3　FANUC 0i Mate TB 数控系统操作面板

1）操作面板按键功能说明，见表 4-2。

表 4-2　操作面板按键功能说明

名称	图　形	功　能　说　明
运行方式键	编辑	按下该键进入编辑运行方式
	自动	按下该键进入自动运行方式
	MDI	按下该键进入 MDI 运行方式
	JOG	按下该键进入 JOG（手动）运行方式

（续）

名称	图　形	功　能　说　明
运行方式键	手摇	按下该键进入手摇(手轮)运行方式
	单段	按下该键进入单段运行方式
	回零	按下该键可以进行返回车床参考点操作(即车床回零)
主轴控制键	主轴 正转　停止　反转	按下 反转 键,主轴反转
		按下 停止 键,主轴停转
		按下 正转 键,主轴正转
循环启动与停止键	循环	用来启动和暂停程序,在自动加工运行和MDI方式运行时会用到
主轴倍率键	主轴降速　主轴100%　主轴升速	在自动和MDI方式下运行,当S指令的主轴速度偏高或偏低时,可用来修调程序中的主轴转速 按一下 主轴100% (指示灯亮),主轴修调倍率置为100%;按一下 主轴升速 ,主轴修调倍率递增5%,按一下 主轴降速 ,主轴修调倍率递减5%
超程解锁键	超程解锁	用来解除超程报警
进给轴与方向选择键	-X -Z　∿　+Z +X	用来选择车床的移动轴和方向 其中的 ∿ 为快进键。当按下该键后,该键变为红色,表示快进功能开启;再按一下该键,该键恢复成白色,表示快进功能关闭

（续）

名称	图　形	功能说明
JOG 进给倍率刻度盘		用来调节 JOG（手动）进给倍率。倍率值为 0～150%，每格为 10%
系统启动/停止键		用来开启和关闭数控系统，在通电开机和断电关机时使用
电源/回零批示		用来表示系统是否开机和回零的情况。当系统开机后，电源指示灯始终亮着。当进行车床回零操作时，某轴返回零点后，该轴指示灯亮
急停键		用于锁住车床。按下急停键时，车床立即停止运动

2）手摇面板功能说明，见表 4-3。

表 4-3　FANUC 0i Mate TB 数控系统手摇面板功能说明

名称	图　形	功能说明
手摇进给倍率键		用于选择手摇移动倍率。按下所选的倍率键后，该键左上方的红灯亮。其中：X1 为 0.001；X10 为 0.010；X100 为 0.100
手摇		在手摇模式下用来使车床移动；手摇逆时针方向旋转时，车床向负方向（即向车床头方向）移动；手摇顺时针方向旋转时，车床向正方向（即向尾座方向）移动

（续）

名　称	图　　形	功　能　说　明
进给轴 选择开关	X Z	在手摇模式下用来选择车床所要移动的轴

3. 数控车床的基本操作

（1）**FANUC 0i Mate TB 数控系统的手动操作**　手动操作主要包括机床通电开机、手动返回参考点和手动移动刀具。在电源接通后，首先要做的就是将刀具移动到参考点，然后再使用各功能按钮或开关，使刀具沿各轴运动。手动移动刀具包括 JOG 进给、增量进给、手摇进给。

1）通电开机。按机床操作面板上的 键，这时 亮，表示机床电源接通，将 抬起，数控系统则完成通电复位，可进行相应的各项操作。

2）手动返回参考点。在"方式选择"键中按 键，这时数控系统 CPT 显示状态为"RAPID"。在"操作选择"键中按 键，在坐标轴选择键中按 键，X 轴返回参考点。按 键。Z 轴返回参考点。

3）JOG 进给。JOG 进给就是手动连续进给。按 键，数控系统处于 JOG 运行状态，按 、 、 、 键，机床会沿着选定轴的选定方向进给移动。可在机床运行前或运行中使用 ，根据实际需要调节进给速度。如果在按进给轴和方向键前按 键，则机床按快速移动速度运行。

JOG 进给

4）手摇进给。按 键，进入手摇方式，按进给轴选择开关 ，选择机床要移动的轴，按 X1 X10 X100 键，选择移动倍率，根据需要的移动方向，旋转 ，同时机床移动。

（2）**数控系统的自动运行**　自动运行是指数控车床根据编制的数控加工程序来自动运行。

1）存储器运行。存储器运行是指将编制好的数控加工程序存储在数控系统的存储器中，调出要执行的数控加工程序可使机床运行。其操作方法是：

先按▣键，进入编辑状态，再按数控系统面板上的▣键，然后按 CRT 下方的软键 <DIR>，CRT 显示已存储在存储器中的数控加工程序列表，按地址键<O>和数字键输入程序号，再按 CRT 下方的检索软键，被选择的程序就显示在屏幕上了。然后按▣键，则进入自动运行方式。按机床操作面板上▣中的白色按键（循环启动键），数控机床开始自动运行，运行中按下红色按键（暂停键），机床将减速停止运行，再按白色按键，机床恢复运行。如在数控系统面板上按▣键，自动运行结束，数控系统进入复位状态。

2）MDI 运行。MDI 运行是指用键盘输入一组加工命令后，数控系统根据这个命令进行操作。

按▣键，进入 MDI 运行状态。在数控系统面板上按下▣键，CRT 屏幕上自动显示 O0000 程序，如图 4-4 所示。这时就可输入一段数控加工程序，按软键<REWIND>，使光标返回程序头。按机床操作面板中的白色按键（循环启动键），程序开始运行。当程序执行到结束代码"M30"或"%"时，程序结束并且自动删除。运行中按下红色按键（暂停键），机床将减速停止运行，再按白色按键，机床恢复运行。如在数控系统面板上按下▣键，自动运行结束，数控系统进入复位状态。

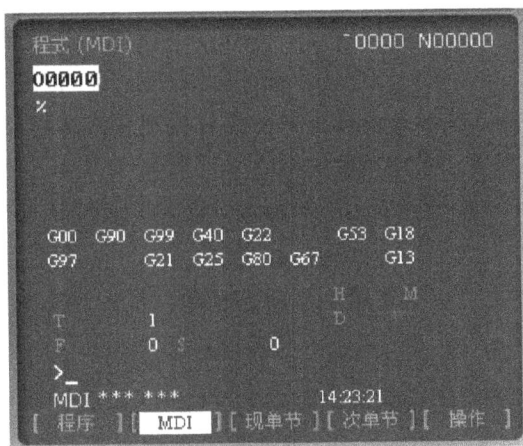

3）单段方式。按操作选择键中▣键，

图 4-4　MDI 运行

进入单段运行方式。按下机床操作面板▣中的白色按键（循环启动键），数控系统自动执行程序的一个程序段，然后停止向下步运行，再按白色按键（循环启动键），数控系统执行下一个程序段后再停止。如此反复，直至执行完所有数控加工程序段。

（3）新建和编辑程序　新建和编辑程序都是在编辑状态下、程序被打开的情况下进行的。

1）新建程序。在操作面板中按▣键，进入编辑运行方式。再按数控系统面上的▣键，CRT 显示程序编辑界面，使用字母和数字键输入程序号。按▣键，CRT 屏幕显示新建的程序名（O0000）和结束符%，接下来输入程序内容。新建的数控加工程序会自动保存到输入 DIR 命令后出现的零件列表中，但这种保存是暂时的，系统退出后，列表中的程序会丢失。

新建程序（程序的编辑与输入）

2）字符的检索、插入、替换与删除。先按▣软键，再按▣的菜单继续键，直到软键中出现"检索"软键。输入需要检索的字符，按"检索"键，移动光标，可根据需要进行检索。光标找到目标字符后，定位在该字符上，这时按下 <kbd>RESET</kbd> 键，光标即可返回到程序头。

使用光标移动键，将光标移到所需插入字符位置的后一个字符上（如果是在一段程序的最后插入一个字或地址符，则将光标移到";"处），这时键入所要添加的字和地址符，按 <kbd>INSERT</kbd> 键，即完成插入。

将光标移动到所需替换的字符上，键入要替换的字或地址符，按 <kbd>ALERT</kbd> 键，则光标所在处的字符被替换，同时光标移到下一个字符上。

将光标移到所要删除的字符上，按 <kbd>DELETE</kbd> 键，光标所在处的字符被删除，同时光标移到被删除字符的下一个字符上。

在输入数控加工程序的过程中，当字母或数字还在输入缓存区，没有按 <kbd>INSERT</kbd> 键时，可以使用 <kbd>CAN</kbd> 键进行删除，每按一下，删除一个字母或数字。

3）返回程序头。当光标处于程序中间或当程序输入完毕后，按 <kbd>RESET</kbd> 键，光标即可返回程序头，或者是连续按软键最右侧带有箭头的菜单继续键，直到软键中出现<REWIND>键，按下该键，光标也会立即返回程序头。

4）字的插入。使用光标键将光标移至需要插入字符位置的后一位字符上，输入要插入的字或数据，按 <kbd>INSERT</kbd> 键即可。

5）字的替换。移动光标键，将光标移至要替换的字符上，输入所需要的字或数据，按 <kbd>ALERT</kbd> 键，光标所在处的字符被替换，同时光标移至下一个字符上。

6）字的删除。使用光标键将光标移至所需删除的字符上，按 <kbd>DELETE</kbd> 键，光标所在处的字符被删除，同时光标移至被删除字符的下一个字符上。

7）输入过程中的删除。在输入过程中，当字母或数字还在输入缓存区，没有按 <kbd>INSERT</kbd> 键时，可以使用 <kbd>CAN</kbd> 键进行删除，每按一下 <kbd>CAN</kbd> 键删除一个字母或一个字符。

字符的删除、插入和替换

8）程序号检索。在机床操作面板的"方式选择"键中按"编辑"键，进入编辑运行方式。按 <kbd>PROG</kbd> 键，CRT屏幕上显示程序界面，屏幕下方出现软键"程式"和DIR。默认进入的是程序界面，也可以按<DIR>键进入DIR界面，即加工程序列表页。输入地址键<O>，按数控系统面板上的数字键，输入要检索的程序号，按软键"O检索"，检索到的程序显示在程序界面中。如果按DIR键进入了DIR界面，那么这时屏幕会自动切换到程序界面，并显示所检索的程序内容。

9）程序的删除。在机床操作面板的"方式选择"键中按"编辑"键，进入编辑运行方式。按<PROG>键，CRT屏幕显示程序界面，按软键<DIR>进入DIR界面。输入地址键<O>，按数控系统面板上的数字键，输入要删除的程序号，按数控系统面板上的<DELETE>键，该程序号的程序被删除。值得注意的是：如果是删除从计算机中导入的程序，那么这时只是将其从当前程序中删除，而并没有将其从计算机中删除，以后仍可以通过外部导入程序的方向再次将其加入列表。

10）DNC 传输（从计算机中导入加工程序）。在计算机菜单栏中单击"文件"→"加载 NC 代码文件"，弹出打开文件对话框，从计算机中选择存放程序的文件夹，选择程序代码，单击"打开"键，在数控系统操作面板中按 ▣ 键，显示屏上将显示该程序，同时该程序被自动加入程序列表中。在编辑状态下按 ▣ 键，再按软键 DIR，就可以在程序列表中看到该程序的程序名。

（4）设定和显示数据

1）设定和显示刀具补偿值。按 ▣ 键，进入编辑运行方式，按 ▣ 键，显示工具补正界面。按软键"补正"，再按软键"形状"，然后按软键"操作"，再在软键中按下"NO 检索"，屏幕上出现刀具形状列表，如图 4-5 所示。输入一个值并按软键"输入"，就完成了刀具补偿值的设定。

2）设定和显示工件原点偏移值。按 ▣ 键，进入编辑运行方式，按 ▣ 键，按软键 ▣ ，屏幕显示工件坐标系设定界

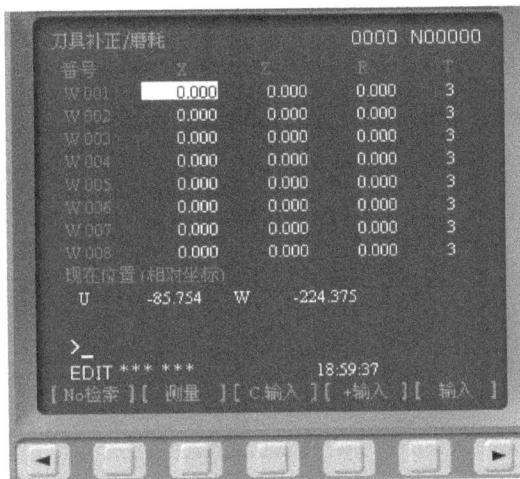

图 4-5　刀具形状列表

面，如图 4-6 所示。该内容包含两页，可使用 ▣ 或 ▣ 翻至所需的界面上。使用光标键，可将光标移到想要改变的工件原偏移值上。

如果再修改输入的值，可直接输入新的数值，然后按 ▣ 键或按软键"输入"。如果键入一个数值后按软键"输入"，那么当光标在 X 值上时，数控系统会将输入的值除以 2，然后和当前值相加；当光标在 Z 值上时，数控系统直接将输入的值和当前值相加。

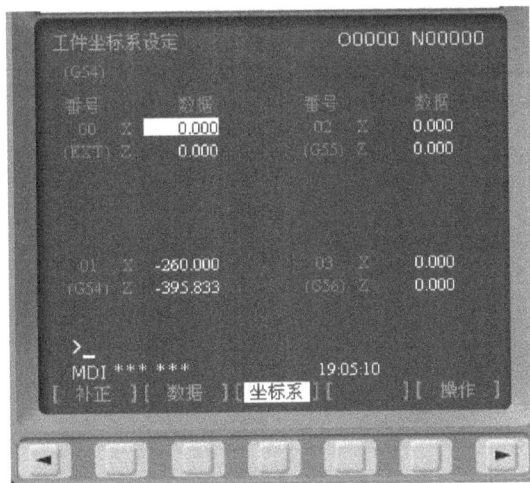

图 4-6　工件坐标系设定界面

4. 数控车床的润滑保养

进行数控车床润滑保养时，按数控车床说明书给数控车床各润滑点（图4-7）加油。

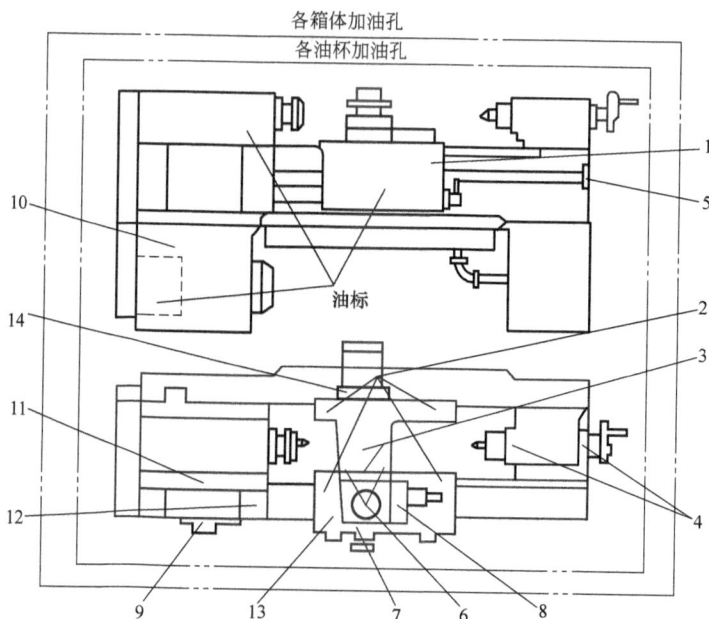

图 4-7 数控车床润滑点

各润滑点情况说明见表4-4。

表 4-4 数控车床润滑点说明

序号	润滑部位	孔数	油类	加油期	换油期
1	丝杠螺母	1	润滑油	每班一次	
2	溜板与床身滑动面	4	润滑油	每班一次	
3	横进刀螺母	2	润滑油	每班一次	
4	尾座	2	润滑油	每班一次	
5	丝杠支承轴承	1	钙基润滑脂	适量注入	6个月
6	横溜板	2	润滑油	适量注入	
7	横进刀轴承	1	润滑油	每班一次	
8	刀架支承轴承	1	钙基润滑脂	适量注入	6个月
9	变速机构	1	润滑油	每班一次	
10	变速箱	1	20号润滑油	按油标	6个月
11	主轴箱	1	20号润滑油	按油标	6个月
12	溜板箱	1	20号润滑油	按油标	6个月
13	X向进给箱	1	钙基润滑脂	适量注入	6个月
14	Y向进给箱	1	钙基润滑脂	适量注入	6个月

须根据数控车床各部件的特点，确定其润滑保养要求，见表4-5。

表 4-5　数控车床润滑保养的内容与要求

周期	维护保养部位	润滑保养项目及方法
每日	机床外表	清理铁屑与油污
	主轴头	清理主轴头、锥孔、夹紧卡盘
	X、Z轴向导轨面	清除切屑及脏物,检查润滑油是否充分,导轨面有无划痕损坏
	滚珠丝杠	清理导轨和滚珠丝杠,滑板移动无异常噪声
	操作面板	面板清洁,指示灯指示正常,各按键、按钮、转动开关灵敏、可靠
	CRT显示屏	检查是否有报告提示,若有应及时处理
	液压系统	检查油压表指示压力是否正常,液压泵运转声音是否正常,油管、管接头是否无泄漏、无异常噪声,工作油面高度是否正常
	液压平衡系统	检查平衡压力指示是否正常,快速移动时平衡阀工作是否正常
	电气控制柜	关好柜门,电气控制柜冷却风扇工作正常,风道过滤网无堵塞
	刀架	刀具无损伤,正确装夹在刀夹上。刀架选刀转位正确、可靠,落刀压实
	数控柜	检查数控柜上各排风扇工作是否正常,风道过滤器是否被灰尘堵塞
	导轨润滑油箱	检查油标、油量,及时添加润滑油,润滑泵能正常工作
	压缩空气气源压力	气动控制系统压力应在正常范围内
	自动空气干燥器、自动分水滤气器	及时清理分水滤气器中滤出的水分,保证自动空气干燥器正常工作
	气液转换器和增压器油面	如油面高度不够,及时补充油液
	主轴润滑恒温油箱	工作正常,油量充足
每周	各种防护装置	各种防护装置应无松动、无漏水
每月	主轴机构	主轴径向、轴向间隙适当,若松动应拆开主轴箱加以调整。各档变速应平稳、可靠,如不正常应检查油压指示或箱体拨叉、齿轮状况
	X、Z轴导轨及滚珠丝杠	清理铁屑和油污,检查滑道有无磨损,疏通润滑油路,清洗防尘油毡
	电气开关	清理脚踏开关,X、Z行程开关及刀库定位开关。检查、调节行程撞块位置
	冷却系统	疏通冷却管路,清洗切削液箱
半年	主轴系统	检查锥孔圆跳动;检查、调整主轴传动用V带,编码器用同步带的张紧力
	润滑油位指示开关	检查润滑装置的浮子开关动作情况,浮子落在下限位时,操作面板上应有报警显示
	X、Z轴直流伺服电动机	检查换向器表面,吹掉粉尘,去掉毛刺,更换因磨损过短的电刷,磨合后使用
	电气控制柜	检查各插头、插座、电缆、继电器触点接触状况,检查清理印制电路板、电源、伺服变压器
	液压系统	检查、清理过滤器、液压泵、溢流阀、电磁换向阀,检查油质、清理油箱、更换新油
	主轴润滑恒温油箱	清洗过滤器,更换润滑油
	滚珠丝杠	清洗滚珠丝杠上的旧油脂,换新油脂
	液压油路	清洗液压阀、过滤器、油箱等,更换或过滤液压油
	机床精度	按机床说明书的要求调整机床的几何精度

（续）

周期	维护保养部位	润滑保养项目及方法
每年	直流伺服电动机电刷	检查换向器表面,吹净炭粉,去除毛刺,更换磨损的电刷,磨合后使用
	润滑油泵、滤油器	清理润滑油箱,清洗润滑油泵,更换润滑油
不定期	各轴导轨上镶条、压紧滚轮松紧状态	按机床说明书调整
	切削液箱	检查液面高度,切削液过脏时清洗箱底部,清洗过滤器
	排屑器	清理切屑,检查有无卡住情况
	废油池	清理废油池中的废油,以防外溢
	主轴驱动带松紧	按机床说明书调整

训练拓展

能力训练

1. 填写表 4-6 中数控车床 MDI 各按键的名称。

表 4-6　模块能力训练表

图　形	名　称	图　形	名　称
RESET		DELETE	
HELP		POS	
SHIFT		PROG	
INPUT		OFFSET SETTING	
CAN		SYSTEM	
ALERT		MESSAGE	
INSERT		CUSTOM GRAPH	

2. 上机操作，完成图 4-8 所示零件加工程序的输入。

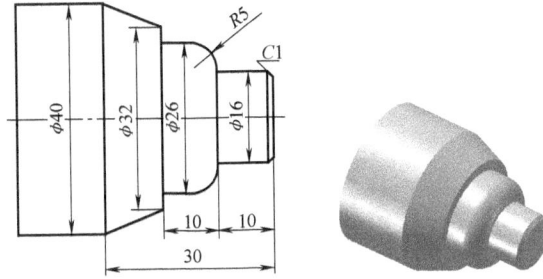

图 4-8　能力训练图样三

说明：零件加工简单，因还未进入编程练习训练阶段，所以本图加工程序应先由教师编制出来并发在班级学习微信群中，学生根据已有的加工程序上机完成程序输入。

进阶篇

技能与实例

项目一

轴类零件的车削

　　轴类零件是组成机械的主要部件和最基本的零件，一般由外圆、端面、台阶、倒角、沟槽、圆弧等结构要素组成。掌握轴类零件的数控编程与车削方法是学习数控加工的基础。

学习目标

知识目标

1）能对所加工的零件进行简单的工艺分析。

2）能分析各结构表面的进给轨迹与各基点坐标。

3）掌握零件数控加工的编程内容。

4）正确执行安全操作规程。

5）对零件进行加工质量分析，掌握影响加工质量的原因及预防措施。

6）能按企业有关文明生产的规定，做到工作场地整洁，工件、工量具摆放整齐。

能力目标

1）掌握各功能指令的编程格式与要点。

2）掌握零件加工开始的对刀方法。

3）完成能力训练图样四～六零件（图5-14～图5-16）程序的编制，并完成能力训练图样四（图5-14）的上机加工操作。

学习方式与评价

1）以实训操作为主进行讲解。

2）分工合作。根据小组成员分工的明确性、任务分配的合理性以及小组分工的职责明细表进行量化评价。

3）基本知识分析讨论。根据小组讨论的热烈度、概念的准确性、逻辑性做出量化评价。

4）成果展示。根据学生模块任务要求的理解，完成能力训练任务的情况进行全面的量化评价。

学习内容

任务一 外圆、端面、台阶的编程与加工

本训练拟以 G00、G01 功能指令为基础，以图 5-1 所示零件为例来讲述数控加工的编程与实际操作。

1）工程训练图样如图 5-1 所示。

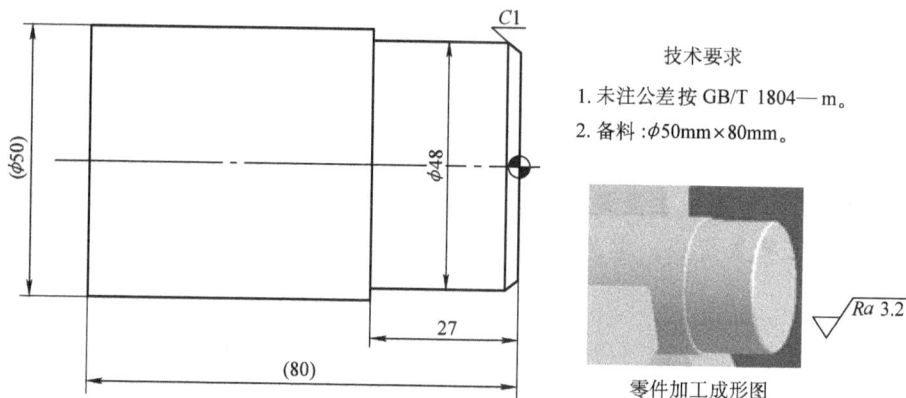

技术要求
1. 未注公差按 GB/T 1804—m。
2. 备料：$\phi 50mm \times 80mm$。

$\sqrt{Ra\ 3.2}$

零件加工成形图

图 5-1 外圆、端面、台阶加工零件

2）工艺分析。零件的加工工艺分析见表 5-1。

表 5-1 零件的加工工艺分析

项目内容	分析说明
设备选择	FANUC 0i 系统
刀具选择	加工该零件时应选用主偏角为 93° 的机夹车刀，刀号 T0101（刀柄：SCLCR2020K09；刀片：CC..09T308）
量具选用	1. 游标卡尺（0~125mm） 2. 外径千分尺（25~50mm）
切削用量的选用	1. 主轴转速 $n = 700r/min$ 2. 进给量 $f = 0.1 \sim 0.2mm/r$ 3. 因台阶尺寸差为 2mm，可一次进给车削完成，也可分为两次进给完成（即第一刀粗车 1.5mm；第二刀精车 0.5mm），本例分两次车削
夹具的选用	该零件应选用自定心卡盘直接装夹，保证零件伸出卡盘外长度不小于 40mm
坐标原点的选取	该零件的坐标原点应选择在零件右端面与轴线的交点处
加工工步	该零件的加工过程为：车端面→粗加工外圆（留 0.5mm 精车余量）长 27mm→倒角 C1→精车 $\phi 48mm$ 外圆及全长
编程用功能指令	本例零件是工程实训加工的第一例，也因其形状较为简单，所以编程时只采用 G00、G01 指令

3）G00、G01 功能指令的编程格式与要点说明见表 5-2。

表 5-2　G00、G01 功能指令的编程格式与要点说明

功能指令	G00		格式	G00X(U)＿Z(W)＿;
			说明	1. X、Z 为绝对值编程时快速定位终点在工件坐标系中的坐标;U、W 为增量值编程时快速定位终点相对于起点的位移量 2. G00 一般用于加工前快速定位或加工后快速退刀 3. 执行该指令时,各轴以各自的速度移动,因联动直线轴的合成轨迹不一定是直线,故而不能保证各轴同时到达终点,因此,常常是将 X 轴移动到安全位置后再执行 G00 指令
	G01		格式	G01X(U)＿Z(W)＿F＿;
			说明	1. X、Z 为绝对值编程时终点在工件坐标系中的坐标;U、W 为增量值编程时相对于起点的位移量;F 是合成进给速度 2. 该指令使刀具以联动的方式,按 F 规定的合成进给速度,从当前位置按线性路线移动到程序指令的终点 3. 该指令为模态代码,可由 G00、G02、G03 或 G32 注销
		倒角加工	格式一	G01X(U)＿Z(W)＿C＿;
			进给图	
			说明	1. 该指令用于直线后倒直角,如进给图所示,它指令刀具从 A 点到 B 点,然后到 C 点 2. X、Z 为绝对值编程时未倒角前两相邻程序段轨迹的交点 G 的坐标值;U、W 为增量值编程时 G 点相对于起始直线轨迹的始点 A 点的移动距离;倒角终点 C 是相对于相邻两直线的交点 G 的距离
			格式二	G01X(U)＿Z(W)＿R＿;
			进给图	
			说明	1. 该指令用于直线后倒圆角,如进给图所示,它指令刀具从 A 点到 B 点,然后到 C 点 2. X、Z 为绝对值编程时未倒角前两相邻程序段轨迹的交点 G 的坐标值;U、W 为增量值编程时 G 点相对于起始直线轨迹的始点 A 点的移动距离;R 为倒角圆弧的半径值

编程过程中应注意:

① 程序编辑中, 字后的坐标数字在 FANUC 系统中必须带点。

② 执行直线插补指令（执行 G01）时，如果是执行水平或垂直路程（圆柱或端面），则其后的地址字（X、Z）不能连写；如果是斜线（或锥度），则一定要连写。

例如，车直外圆表面 ϕ50mm×30mm，其格式为

G01 X50.；（G01 X50 错误）

Z-30. F0.2；（Z-30 F0.2 错误）

对 ϕ50mm 的外圆倒角，其格式为

G01 X50.Z-2.F0.08；

4）加工工序单与进给路线见表 5-3。

表 5-3 零件加工工序单与进给路线

工步内容	工步简图	刀路分析与基点位置
车端面		进给路线：A 点(52,0)→B 点(0,0)。考虑刀尖圆弧半径的影响，一般应车过 B 点 0.5~0.8mm C 点(0,2)为退刀点（车完端面后离开）
粗车外圆		进给路线（粗车外圆，留 0.5mm 精车余量）：C 点→D 点(48.5,2)（退刀至第一次车削处）→E 点(48.5,-27)（粗车外圆）→F 点(52,-27)（退刀，离开外圆表面）→G 点(52,2)（至循环点）
倒角 C1 并精车外圆		进给路线（倒角 C1 和精车外圆）：G 点(52,2)→H 点(42,2)（进刀至倒角延长线上）→I 点(48,-1)（倒角 C1）→J 点(48,-27)（精车外圆）→F 点(52,-27)（退刀离开外圆表面）→R 点(100,100)（退至安全换刀点位置）

数控车床是按车刀刀尖对刀的，但在实际加工时，由于刀具产生磨损或加工时为加强车刀强度，车刀刀尖不是尖的，而是磨成半径不大的圆弧，所以对刀时刀尖的位置是一个假想的刀尖，如图 5-2 所示的 A 点。编程时是按假想的刀尖轨迹编程的，在实际加工时起作用的是刀尖圆弧，因而就会引起加工表面形状的误差。如图 5-3 所示，为了消除刀尖圆弧半径对工件形状的影响，必须通过补偿来解决。刀尖圆弧半径补偿是通过功能指令 G41、G42、G40 以及 T 代码指定刀尖圆弧半径补偿号，建立或取消

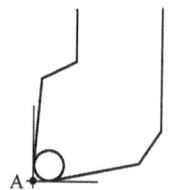

图 5-2 刀尖圆弧与假想刀尖

刀尖圆弧半径补偿指令的格式与要点说明见表5-4。

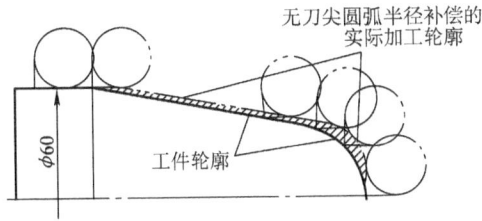

图5-3　刀尖圆弧半径补偿的刀具轨迹

表5-4　刀尖圆弧半径补偿指令的要点说明

功能指令	格式	要点说明
G40	G40 G00/G01 X __ Z __ F __ ;	1. G41为左刀补(在刀具前进方向左侧补偿),G42为右刀补(在刀具前进方向右侧补偿),如下图所示
G41	G41 G00/G01 X __ Z __ F __ ;	2. G41、G42不带参数,其补偿号由T代码指定。刀尖圆弧半径补偿号与刀具偏置补偿号对应 3. 刀尖圆弧半径补偿的建立与取消只能用G00或G01指令,不能用G02或G03指令;X、Z为G00、G01的参数,即建立刀补或取消刀补的终点 4. 刀尖圆弧半径补偿寄存器中定义了车刀圆弧半径及刀尖的方向号。车刀定义了刀具刀位点与刀尖中心圆弧的位置关系,有0~9共10个方向,如下图所示
G42	G42 G00/G01 X __ Z __ F __ ;	

5）该零件的数控加工程序见表5-5。

表 5-5 零件数控加工程序及说明

程　　序	说　　明
O8501；	程序名
N1 G99 T0101 M03 S700；	用 T 指令建立工件坐标系,主轴以 700r/min 正转,选择每转进给量
N2 G00 X52. Z0.；	快速定位,准备车端面(A 点)
N3 G01 X0. F0.1；	车端面(实际加工考虑刀尖圆弧半径的影响,X 一般取为 -0.5 ～ -0.8mm)(A→B)
N4 Z2.；	车刀退(离开端面)(B→C)
N5 X48.5；	车刀退至粗车外圆处(C→D)
N6 G01 Z-27. F0.2；	粗车外圆(D→E)
N7 X52.；	退刀(离开外圆表面)(E→F)
N8 G00 Z2.；	退刀至循环点位置(F→G)
N9 X42.；	至倒角延长线上(G→H)
N10 G01 X48. Z-1. F0.1；	倒角 C1(H→I)
N11 Z-27. F0.2；	精车外圆(I→J)
N12 X52.；	退刀(离开外圆表面)(J→F)
N13 G00 X100. Z100.；	退至安全换刀点位置(F→R)
N14 M05；	主轴停止
N15 M30；	主程序结束并返回

图 5-1 零件的加工

任务二　圆锥面的编程与加工

1) 工程训练图如图 5-4 所示。

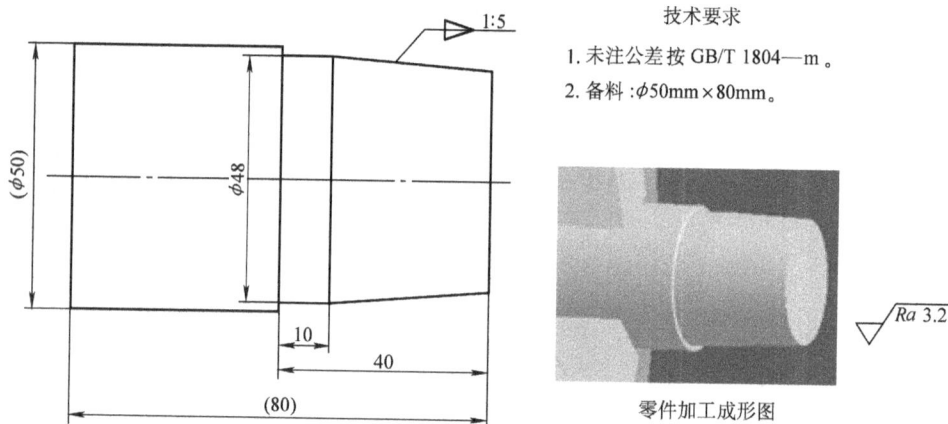

技术要求

1. 未注公差按 GB/T 1804—m。

2. 备料:ϕ50mm×80mm。

零件加工成形图

图 5-4 圆锥加工零件

2) 工艺分析。零件的加工工艺分析见表 5-6。

表 5-6　零件的加工工艺分析

项目内容	分析说明
设备选择	FANUC 0i 系统
刀具选择	该零件加工时应选用主偏角为 93°的机夹车刀,刀号 T0101(刀柄:SCLCR2020K09;刀片:CC..09T308)
量具选用	1. 游标卡尺(0~125mm) 2. 外径千分尺(25~50mm) 3. 游标万能角度尺(0°~320°)
切削用量的选用	1. 主轴转速 n = 700r/min 2. 进给量(f = 0.08~0.2mm/r) 3. 本例工件锥面分三次车削完成:如下图(第一次,车形面长 L_1 = 10mm、第二次车形面长 L_2 = 20mm,第三次车形面长 L_3 = 30mm) 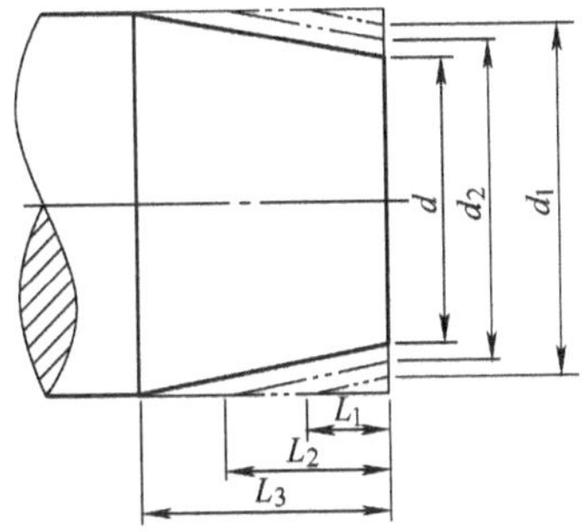
夹具的选用	该零件应选用自定心卡盘直接装夹,保证零件伸出卡盘外长度不小于 50mm
坐标原点的选取	该零件的坐标原点应选择在零件右端面与轴线的交点处
加工工步	该零件的加工方法为:车端面→车外圆 ϕ48mm,长 40mm→车锥面(分三次车削)
编程用功能指令	本例零件的训练目的旨在掌握 G90、G94 功能指令的运用

3) G90、G94 功能指令的编程格式与要点说明见表 5-7。

表 5-7　G90、G94 功能指令编程格式与要点说明

功能指令	G90		格式	G90 X(U)__ Z(W)__ F;
		内外圆切削固定循环	进给图	
			说明	1. X、Z 为绝对值编程时切削终点在工件坐标系下的坐标,U、W 为增量值编程时快速定位终点相对于起点的位移量 2. 如进给图所示,增量值指令时,地址 U、W 后数值的方向由轨迹 1 和 2 的方向来确定。该指令循环中,U 是负值,W 也是负值。在单程序段中,用循环进行 1、2、3、4 动作 3. 在进给图中应用的是直径指令,半径指令时用 U/2 代替 U,X/2 代替 X

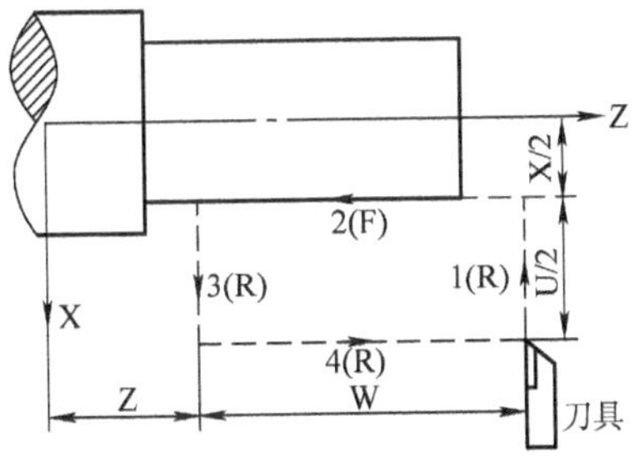

95

（续）

		格式	G90 X（U）＿ Z（W）＿ R＿ F＿；
G90	锥形切削循环	进给图	
		说明	1. X、Z 为绝对值编程时切削终点在工件坐标系下的坐标，U、W 为增量值编程时快速定位终点相对于起点的位移量 2. R 为切削起点与切削终点的半径差
G94	端平面切削循环	格式	G94 X（U）＿ Z（W）＿ F＿；
		进给图	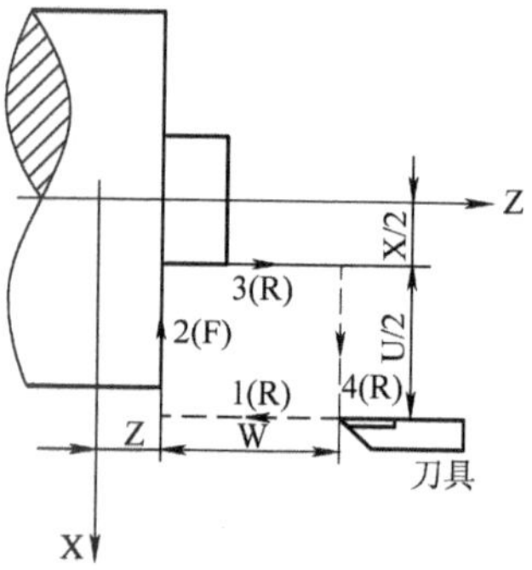
		说明	1. X、Z 为绝对值编程时切削终点在工件坐标系下的坐标，U、W 为增量值编程时快速定位终点相对于起点的位移量 2. 如进给图所示，增量值指令时，地址 U、W 后数值的方向由轨迹 1 和 2 的方向来决定，就是说如果轨迹 1 的方向是 Z 轴的负方向，则 W 为负值 3. 单程序段时用循环启动进行 1、2、3、4 动作
	圆锥端面切削循环	格式	G94 X（U）＿ Z（W）＿ R＿ F＿；
		进给图	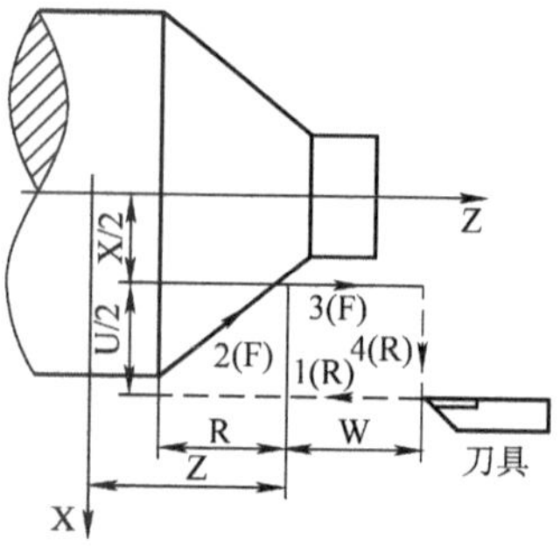
		说明	1. 圆锥端面车削路线图如进给图所示。X、Z 为绝对值编程时切削终点在工件坐标系下的坐标，U、W 为增量值编程时快速定位终点相对于起点的位移量 2. R 为切削起点与切削终点的半径差

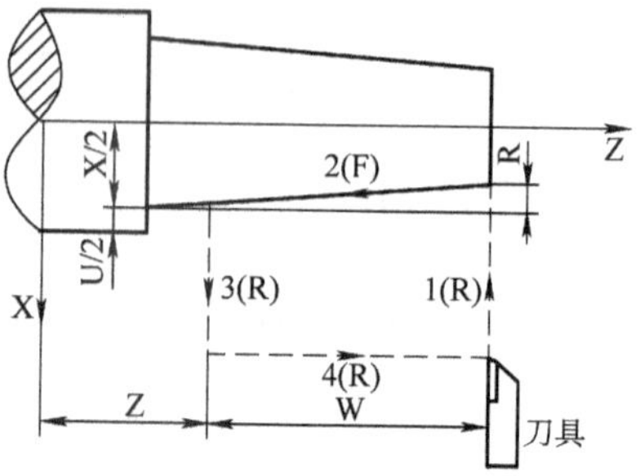

（功能指令）

圆锥切削时增量值指令地址 U、W 后面数值的符号与刀具轨迹的关系如图5-5所示。

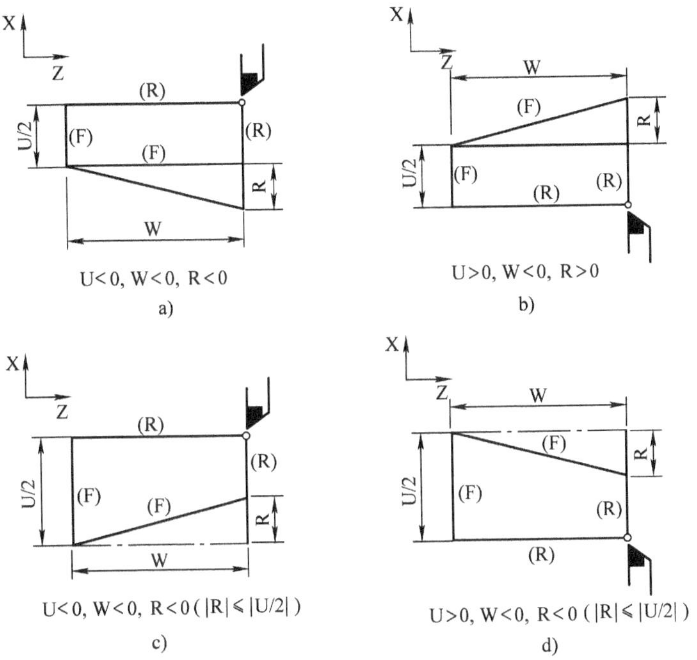

U<0, W<0, R<0
a)

U>0, W<0, R>0
b)

U<0, W<0, R<0（|R|≤|U/2|）
c)

U>0, W<0, R<0（|R|≤|U/2|）
d)

图5-5　圆锥切削时增量值指令地址 U、W 后面数值的符号与刀具轨迹的关系

4) 零件加工工序单与进给路线见表5-8。

表5-8　零件加工工序单与进给路线

工步内容	工步简图	刀路分析与基点位置
车外圆（圆锥大端直径）	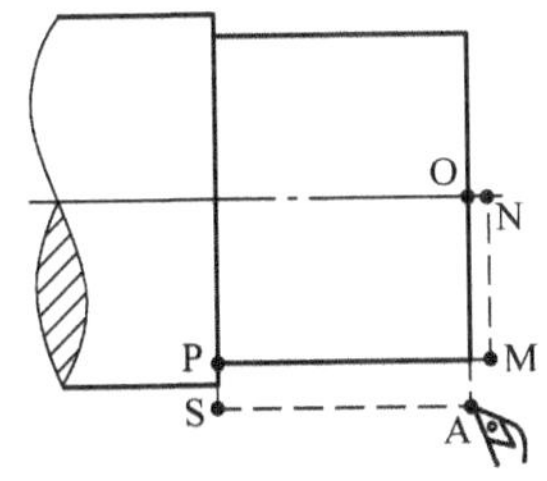	快速定位A点(52,0)→O点(0,0)(车端面)→N点(0,2)(退刀)→M点(48,2)(退至外圆车削处)→P点(48,-40)(车外圆)→S点(52,-40)(退刀,离开外圆表面)→A点(返回循环点)
锥面车削	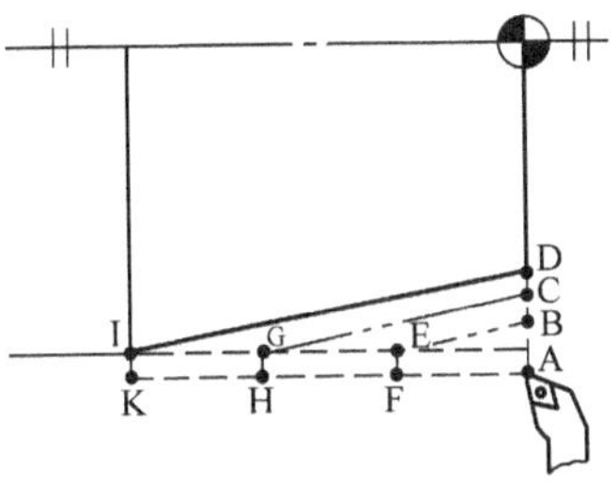	进给路线:A点(52,0)→B点(46,0)(进刀)→E点(48,-10)(第一次进给车锥面)→F(52,-10)(退刀)→A(52,0)(回循环点)→C点(44,0)(进给)→G点(48,-20)(第二次进给车锥面)→H点(52,-20)(退刀)→A点(52,0)(返回循环点)→D点(42,0)(进给)→I点(48,-30)(第三次进给车锥面)→K点(52,-30)→A点(52,0)(返回循环点) 第一次进给 1(R) 值为: $\frac{46-48}{2}$mm = -1mm；第二次为: $\frac{44-48}{2}$mm=-2mm；第三次为 $\frac{42-48}{2}$mm=-3mm

5）该零件的数控加工程序见表5-9。

表5-9 零件数控加工程序及说明

程 序	说 明	
O8502;	程序名	
N1 G99 T0101 M03 S700;	用T指令建立工件坐标系,主轴以700r/min正转,选择每转进给量	
N2 G00 X52. Z0.;	快速定位,准备车端面(A)(表5-8车外圆图中)	
N3 G01X-0.5 F0.08;	车端面(A→O)	
N4 G00 Z2.;	离开端面(N)	
N5 X48.;	退刀至切削处(N→M)	
N6 G01 Z-40. F0.2;	车外圆(M→P)	
N7 X52.;	退刀(P→S)	
N8 G00 Z0.;	快速至循环点A(S→A)	
N9 G90 X48. Z-10. R-1. F0.15;	第一次进给车锥面(A→B→E→F→A)(表5-8锥面车削图中)	
N10 X48. Z-20. R-2.;	第二次进给车锥面(A→C→G→H→A)	
N11 X48. Z-30. R-3.;	第三次进给车锥面(A→D→I→K→A)	
N12 G00 X100. Z100.;	退至安全换刀点位置	
N13 M05;	主轴停止	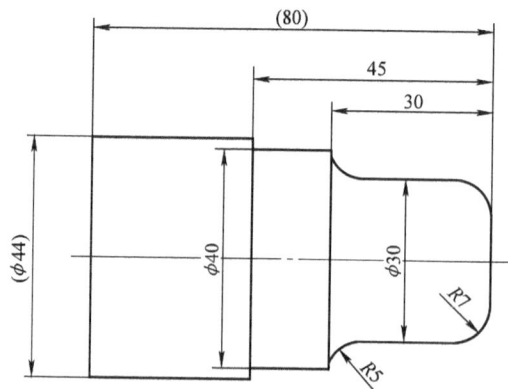
N14 M30;	主程序结束并返回	图5-4 零件的加工

任务三 圆弧的编程与加工

1）工程训练图样如图5-6所示。

技术要求
1. 未注公差按GB/T 1804—m。
2. 备料:$\phi 44mm \times 80mm$。

零件加工成形图

$\sqrt{Ra\ 3.2}$

图5-6 圆弧加工零件

2）工艺分析。零件的加工工艺分析见表5-10。

表 5-10 零件的加工工艺分析

项目内容	分 析 说 明
设备选择	FANUC 0i 系统
刀具选择	1. 主偏角为 93°的机夹车刀, 刀号 T0101(刀柄:SCLCR2020K09;刀片:CC..09T308) 2. 93°机夹尖车刀(刀尖角 35°), 刀号 T0202(刀柄:SVICR2020K11;刀片:VC..110304)
量具选用	1. 游标卡尺(0~125mm) 2. 外径千分尺(25~50mm) 3. 半径样板($R5~R15$mm)
切削用量的选用	1. 进给量($f=0.15$mm/r) 2. $n=700$r/min 3. $\phi40$mm 外圆分二次进给车削(第一次粗车 3mm, 第二次精车 1mm);$\phi30$mm 外圆分四次进给车削(第一次 3mm, 第二次 3mm, 第三次 2mm, 第四次 2mm)
夹具的选用	该零件应选用自定心卡盘直接装夹, 保证零件伸出卡盘外长度不小于 60mm
坐标原点的选取	该零件的坐标原点应选择在零件右端面与轴线的交点处
加工工步	该零件的加工方法为:车端面→车外圆 $\phi40$mm(留 1mm 精加工余量), 长 45mm→车外圆 $\phi30$mm(留 0.5mm 精加工余量), 长 25mm→车 $R7$mm 圆弧→精车外圆 $\phi30$mm→车 $R5$mm 圆弧→精车外圆 $\phi40$mm
编程用功能指令	本例零件的训练目的旨在掌握 G02、G03 功能指令的运用

3)G02、G03 功能指令的编程格式与要点说明见表 5-11。

表 5-11 G02、G03 功能指令编程格式与要点说明

功能指令	格 式	要 点 说 明
G02	G02X(U)__ Z(W)__ I__ K__ F__; G02X(U)__ Z(W)__ R__ F__;	1. X、Z 是绝对值编程时终点在坐标系中的坐标;U、W 是起点与终点之间的距离;I、K 为从起点到中心点的矢量(半径值);R 为圆弧半径, 如下图所示 2. 沿圆弧所在的平面(如 XZ 平面)和垂直坐标轴的负方向(如 -Y 方向)看去, 顺时针方向为 G02, 逆时针方向为 G03, 如下图所示
G03	G03X(U)__ Z(W)__ I__ K__ F__; G03X(U)__ Z(W)__ R__ F__;	

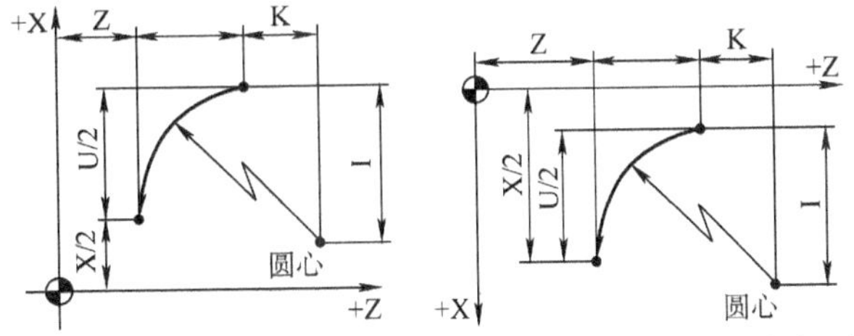

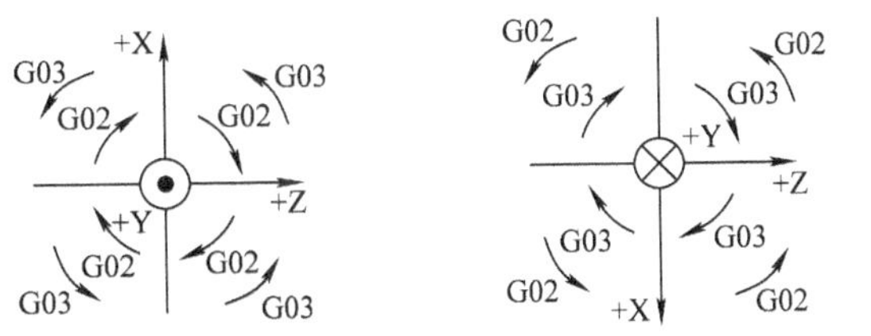

4）加工工序单与进给路线见表5-12。

表 5-12　零件加工工序单与进给路线

工步内容	工步简图	刀路分析与基点位置
粗车各外圆		车端面（G94）：快速定位 A 点（46,2）（循环点）→进给至 B 点（46,0）（准备车端面）→车端面 O 点（0,0）→退刀至 C 点（0,2）→返回 A 点 粗车外圆（G90）：A 点（46,2）（循环点）→进给至 D 点（41,2）→E 点（41,-45）粗车外圆→F 点（46,-45）退刀→返回 A 点→进给至 G 点（31,2）→H 点（31,-25）→K 点（46,-25）→返回 A 点→R 点（100,100）（换刀点） 说明：ϕ30mm 外圆不可能一次进给车削完成，即从 A 到 G 点不能一次进给，应分四次，故而从 A 到 G 应循环四次，最后一次进给至 G 点位置。[第一次进给至点（38,2）；第二次进给至点（35,2）；第三次进给至点（33,2）；第四次进给至 G 点]
车圆弧面与精车外圆		快速定位 M 点（16,0）→N 点（30,-7）加工 R7mm 圆弧→P 点（30,-25）精车 ϕ30mm 外圆→S 点（40,-30）加工 R5mm 圆弧→U 点（40,-45）精车 ϕ40mm 外圆→T 点（46,-45）退刀→R 点（100,100）换刀点

5）该零件的数控加工程序见表5-13。

表 5-13　零件数控加工程序及说明

程　　序	说　　明
O8503；	程序名
N1 G99 T0101 M03 S700；	用 T 指令建立工件坐标系，主轴以 700r/min 正转
N2 G00 X46. Z2.；	快速定位，准备车端面（A 点）（表 5-12 中粗车各外圆图）
N3 G94 X-0.5 Z0. F0.08；	车端面（A→B→O→C→A）
N4 G90 X41. Z-45. F0.15；	粗车 ϕ40mm 外圆（留精车余量 1mm）（A→D→E→F→A）
N5 X38. Z-25.；	粗车 ϕ30mm 外圆（分四次循环进给车削）
N6 X35.；	
N7 X33.；	最后一次为：A→G→H→K→A
N8 X31.；	
N9 G00 X100. Z100.；	退至换刀点位置（A→R）
N10 T0202；	换二号刀
N11 G00 X16. Z0.；	快速定位（M）（表 5-12 中车圆弧面与精车外圆图）

（续）

程　　序	说　　明	
N12 G03 X30. Z-7. R7. F0.1；	加工 R7mm 圆弧面（M→N） （也可写为：N12 G03 X30. Z-7. I0. K-7. F0.1）	
N13 G01 Z-25.；	精车 φ30mm 外圆（N→P）	
N14 G02 X40. Z-30. R5.；	加工 R5mm 圆弧面（P→S） （也可写为：N14 G02 X40. Z-30. I5. K0.）；	
N15 G01 Z-45.；	精车 φ40mm 外圆（U）	
N16 X46.；	退刀（T）	
G00 X100. Z100.；	至换刀点（R）	
M05；	主轴停	
M30；	主程序结束并返回	图 5-6　零件的加工

任务四　车槽与车断的编程与加工

1）工程训练图样如图 5-7 所示。

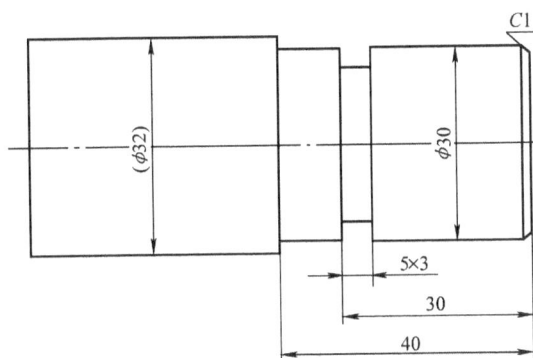

图 5-7　车槽加工零件

技术要求

1. 未注公差按 GB/T 1804—m。
2. 备料：φ35mm×80mm。

零件加工成形图

2）工艺分析。零件的加工工艺分析见表 5-14。

表 5-14　零件的加工工艺分析

项目内容	分析说明
设备选择	FANUC 0i 系统
刀具选择	1. 主偏角为 93°的机夹车刀，刀号 T0101（刀柄：SCLCR2020K09；刀片：CC..09T308） 2. 车槽刀，刀头宽 5mm、刀头长 10mm，刀号 T0202（刀柄：QA2020R03；刀片：Q03YB415）
量具选用	1. 游标卡尺（0~125mm） 2. 外径千分尺（25~50mm） 3. 样板

（续）

项目内容	分析说明
切削用量的选用	1. 转速的选用:外圆车削时选用 $n=700r/min$,车槽时选用 $n=400r/min$ 2. 进给量:外圆车削时选用 $f=0.2mm/r$,车槽时 $f=0.1mm/r$ 3. 背吃刀量的选用:外圆车削 $a_p=1mm$(即一次进给车削完成),车槽时的背吃刀量等于车槽刀的刀头宽度
夹具的选用	该零件应选用自定心卡盘直接装夹,保证零件伸出卡盘外长度不小于50mm
坐标原点的选取	该零件的坐标原点应选择在零件右端面与轴线的交点处
加工工步	车 $\phi30mm$ 外圆→车槽 5mm×3mm
编程用功能指令	因该零件加工形体结构不太复杂,故而编程时只采用 G00、G01 指令即可,为保证槽底表面质量,应采用 G04 进行无进给光整加工

3）G04 功能指令的编程格式与要点说明见表 5-15。

表 5-15　G04 功能指令的编程格式与要点说明

功能指令	格式	要点说明
G04	G04 X(U)＿;	1. 该指令为模态指令,用于使刀具做短时间无进给光整加工,以减小工件表面粗糙度值,还可用于车槽、钻镗孔以及拐角轨迹的控制 2. 该指令在前一程序段的进给速度降到零之后才能开始暂停动作。在执行含有该指令的程序段时,先执行暂停功能
	G04 P＿;	3. 程序在执行到某一段后,需要暂停一段时间进行某些人为调整,暂停时间由 X(U) 或 P 后面的数值说明,其中 X(U) 后的数值需带小数点,单位为 s;P 后的数值为整数,单位为 ms

4）加工工序单与进给路线见表 5-16。

表 5-16　零件加工工序单与进给路线

工步内容	工步简图	刀路分析与基点位置
端面、外圆、倒角的车削		快速定位于 A 点(34,0)→O 点(0,0)车端面→B 点(0,2)退刀离开端面→C 点(24,2)退刀至倒角延长线处→D 点(30,-1)倒角→E 点(30,-40)车外圆→F 点(34,-40)退刀离开外圆表面→R 点(100,100)快速定位于安全换刀点位置
车槽		R 点(100,100)→M 点(32,-30)快速定位于起刀点位置→N 点(24,-30)车槽→M 点退刀→R 点至换刀点位置

5）该零件的数控加工程序见表 5-17。

表 5-17 零件数控加工程序及说明

程　序	说　明	
O8504;	主程序名	
G99 T0101 M03 S700;	用 G 指令建立坐标系,主轴以 700r/min 正转,用一号刀	
G00 X34. Z0.;	快速定位(A 点)(表 5-16 中端面、外圆、倒角的车削图)	
G01 X-0.5 F0.1;	车端面(A→O)	
Z2.;	退刀离开端面(O→B)	
G00 X24.;	进给至倒角延长线处(B→C)	
G01 X30. Z-1.;	倒角(C→D)	
Z-40. F0.2;	车外圆(D→E)	
X34.;	退刀离开外圆表面(E→F)	
G00 X100. Z100.;	至安全换刀点位置(F→R)	
T0202 S400;	换二号刀,主轴以 400r/min 正转	
G00 X32. Z-30.;	快速定位(R→M)(表 5-16 中车槽图)	
G01 X24. F0.1;	车槽(M→N)	
G04 P3;	暂停(时间 3ms)	
G01 X32. F0.3;	退刀(N→M)	
G00 X100. Z100.;	至安全换刀点位置(M→R)	
M05;	主轴停止	
M30;	主程序结束并返回	图 5-7 零件的加工

任务五　螺纹的编程与加工

1）工程训练图样如图 5-8 所示。

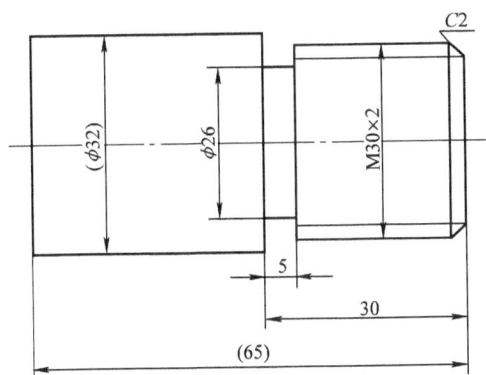

技术要求

1. 未注公差按 GB/T 1804—m。
2. 备料:ϕ32mm×65mm。

零件加工成形图

图 5-8　螺纹加工零件

2) 工艺分析。零件的加工工艺分析见表5-18。

表5-18　零件的加工工艺分析

项目内容	分析说明
设备选择	FANUC 0i 系统
刀具选择	1. 主偏角为 93° 的机夹车刀，刀号 T0101（刀柄：SCLCR2020K09；刀片：CC..09T308） 2. 车槽刀，刀头宽 5mm、刀头长 10mm，刀号 T0202（刀柄：QA2020R03；刀片：Q03YB415） 3. 外螺纹车刀（刀尖角 60°），刀号 T0303（刀柄：SER2020K16T；刀片：16ER2.00ISOEC1030）
量具选用	1. 游标卡尺（0~125mm） 2. 螺纹千分尺 3. 螺纹环规 4. 螺距规（牙规）
切削用量的选用	1. 背吃刀量：本例工件外圆余量不大，故而可一次进给完成粗、精车 2. 进给量：外圆车削时 $f=0.15\text{mm/r}$；车槽时 $f=0.08\text{mm/r}$ 3. 转速：车外圆时 $n=800\text{r/min}$；车槽时 $n=400\text{r/min}$；车螺纹时 $n=300\text{r/min}$
夹具的选用	该零件用自定心卡盘直接装夹，零件伸出卡盘外长度不小于 45mm
坐标原点的选取	该零件的坐标原点应选择在零件右端面与轴线的交点处
加工工步	车端面→倒角车外圆→车槽→车螺纹
编程用功能指令	螺纹加工编程指令有 G32、G82(G92)、G76 等
螺纹小径计算	$d_1=d-1.0825P=30\text{mm}-1.0825\times2\text{mm}=27.835\text{mm}$

3) 功能指令的编程格式与方法包括以下几点。

① 单行程螺纹切削指令（G32）。单行程螺纹切削可加工圆柱螺纹、圆锥螺纹和端面螺纹。车削时进给运动严格地按输入的螺纹导程（或螺距）来进行。其功能指令格式与切削要点说明见表5-19。

表5-19　G32 功能指令格式与切削要点说明

	功能指令代码	G32
格式	圆柱螺纹切削加工	G32 Z(W)__R__E__P__F__;
	圆锥螺纹切削加工	G32 X(U)__Z(W)__R__E__P__F__;
	参数说明	由于直圆柱螺纹在切削加工时，车刀的运动轨迹是一条直线，所以 X(U) 为 0，故而在格式中不必写出。X、Z 为绝对值编程时有效螺纹长度终点在工件坐标系中的坐标；U、W 为增量值编程时有效螺纹终点相对于螺纹切削起点的增量（有向距离）。R 是螺纹 Z 向退尾(刀)量；E 是螺纹 X 向退尾(刀)量，它们无论是在绝对值编程还是增量值编程时都是以增量方式来指定的，其值如果为正，表示沿 X、Z 正向退回，如果为负，表示沿 X、Z 负向退出。使用 R、E 可免去退刀槽，R、E 如省略，表示不用退回功能。根据螺纹标准，R 一般为 2 倍的螺距，E 取螺纹的牙型高度。P 为主轴基准脉冲处距离螺纹切削起始点的主轴转角（简单地讲就是螺纹的线数和圆周角度的分度，如单线螺纹 P = 360°÷1 = 360°，双线螺纹 P = 360°÷2 = 180°）。F 是螺纹导程

（续）

切削动作要点	圆柱螺纹切削加工	加工要点	1. 圆柱螺纹在切削加工时,车刀切削深度由 01 组功能指令来控制 2. 圆柱螺纹的切削一般分四个步骤,称为一个循环,即:进给(AB)→切削(BC)→退刀(CD)→返回(DA),如进给图所示。这四个步骤均需编入程序
		进给图	R—快速进给 F—切削进给
	圆锥螺纹切削加工	加工要点	1. 圆锥螺纹切削时的各参数意义如进给图所示 2. 圆锥螺纹的切削也分四个步骤,称为一个循环,即:进给(AB)→切削(BC)→退刀(CD)→返回(DA),如进给图所示 3. X、Z、U、W、P、F 等参数的含义与圆柱螺纹切削加工相同
		进给图	R—快速进给 F—切削进给
	注意事项		1. 从螺纹粗加工到精加工,主轴的转速必须保持为一常数 2. 在没有停止主轴的情况下,停止螺纹的切削是非常危险的,因此螺纹切削时进给保持功能无效,如果按下进给保持按键,刀具仍会在加工完螺纹后停止运动 3. 在螺纹加工中不使用恒线速度控制功能 4. 在螺纹加工轨迹中应设置足够的升速进给段和降速退刀段,以消除伺服滞后造成的螺距误差 5. 单行程螺纹切削 G32 指令为直进式切削法,加工时刀具两切削刃是同时参与切削的,因而切削力较大,而且排屑也困难,所以在切削加工时刀具两切削刃容易磨损。在切削较大螺距的螺纹时,由于切削深度大,刀具切削刃的磨损更快,从而造成加工的螺纹产生误差,但是其加工的牙型精度较高,因此,G32 指令一般多用于小螺距螺纹的加工,但由于其刀具移动切削全部是靠编程来完成的,所以其加工程序较长,同时也由于切削时切削刃容易磨损,因而在切削加工中要做到勤测量

②螺纹切削简单循环指令。简单螺纹车削循环指令（G92）的功能指令格式与切削要点说明见表 5-20。

表 5-20　G92 功能指令格式与切削要点说明

指令代码		G92
格式	圆柱螺纹	米制螺纹:(60°)G92 X(U)__ Z(W)__ F __;
		寸制螺纹:(55°)G92 X(U)__ Z(W)__ I __;
	圆锥螺纹	米制螺纹:(60°)G82 X(U)__ Z(W)R __ F __;
		寸制螺纹:(55°)G82 X(U)__ Z(W)R __ I __;
参数说明		1. X、Z 为绝对值编程时,有效螺纹终点在工件坐标系中的坐标;U、W 是增量值编程时,有效螺纹终点相对于螺纹切削起点的增量 2. R 是圆锥螺纹起点与有效螺纹终点的半径差 3. F 是针对米制螺纹指定螺纹导程;I 是针对寸制螺纹指定螺纹导程,它们是非模态指令,不能省略
切削要点说明	说明	增量值指令地址 U、W 后续数值的符号根据轨迹 1 和 2 的方向确定,如进给图所示,即如果轨迹 1 的方向是 X 轴的负向,则 U 的数值为负。单程序段时,1、2、3、4 的动作单段有效
	圆柱螺纹 切削循环进给图	
	圆锥螺纹 切削循环进给图	

③ 螺纹复合固定切削循环指令（G76）。其功能指令格式与切削要点说明见表 5-21。

表 5-21　G76 功能指令格式与切削要点说明

指令代码	G76
格式	G76 P(m)(r)(α)Q(Δdmin)R(d); G76 X(U)Z(W)R(i)P(k)Q(Δd)F(L);
参数说明	m 是精整次数(1~99),为模态值;r 是倒角量;α 是刀具刀尖角角度(用 2 位数指定);Δdmin 是最小切削深度;d 是精加工余量(半径值);X、Z 为绝对值编程时,为有效螺纹终点的坐标,U、W 为增量编程时,有效螺纹终点相对于螺纹切削起点的增量;i 是螺纹两端的半径差(如果 i 为 0,则为直螺纹切削方式);k 是螺纹高度(该值由 X 轴方向上的半径值指定);Δd 是第一次切削深度(半径值);L 为螺纹导程(同 G32)

（续）

切削动作要点	说明	1. 螺纹切削固定循环指令 G76 执行如图 a 所示的加工轨迹。其单边切削及参数如图 b 所示 2. 注意：该指令按 G76 段中的 X(U)Z(W) 指令实现加工。增量值编程时，要注意 U 和 W 的正负号（由刀具轨迹 AC 和 CD 段的方向决定） 3. 该指令进行单边循环切削时，减少了刀尖的受力。第一次切削时背吃刀量为 d，第 n 次的切削总深度为 dn。走刀图 a 中，C 到 D 点的切削速度由 F 代码指定，而其他轨迹均为快速进给 4. G76 为斜进式切削方法。由于为单侧刃加工，刀具刃口容易磨损，使加工的螺纹面不直，刀尖角发生变化，而造成牙型精度差。但其加工时产生的切削抗力小，刀具负载也小，排屑容易，并且切削深度为递减式，因此此加工方法一般适用于大螺距螺纹的切削 5. 在车削精度要求不高的螺纹（如梯形螺纹）的情况下，可采用两次加工完成，即先用 G76 进行粗切削，再用 G32（或 G92）进行精加工（普通螺纹则没有必要采用）。但要注意刀具起始点位置要准确，不然容易乱牙，造成零件报废 6. G76 编程时的切削深度分配方式为递减式，其切削为单单刃切削加工，因而切削深度由系统计算给出
	进给图	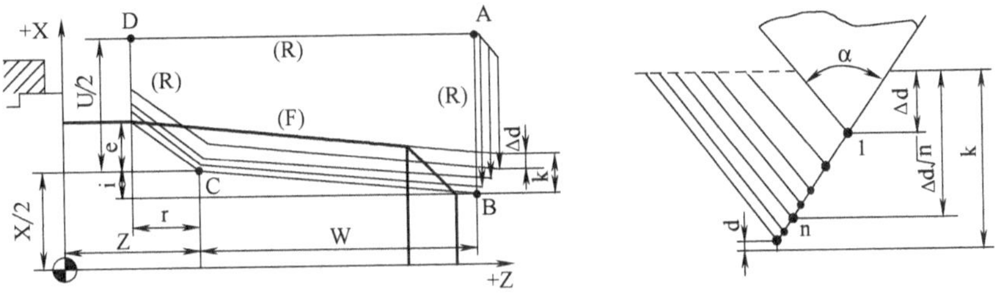 a) b)

4）加工工序单与进给路线见表 5-22。

表 5-22 零件加工工序单与进给路线

工步内容	工步简图	刀路分析与基点位置
车端面、外圆	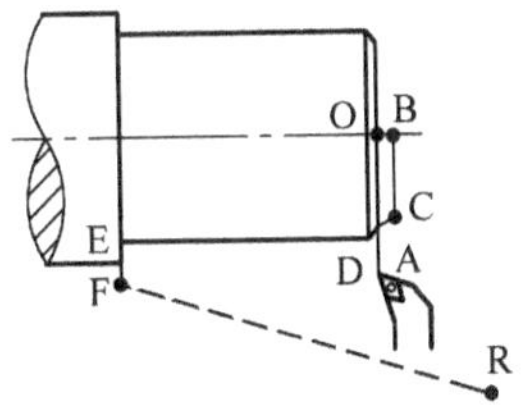	快速定位于 A 点(34,0)→O 点(0,0)车端面→B 点(0,2)退刀离开端面→C 点(24,2)退刀到倒角延长线处→D 点(30,-2)倒角→E 点(30,-30)车外圆→F 点(34,-30)退刀离开外圆表面→R 点(100,100)快速定位于安全换刀点位置
车槽	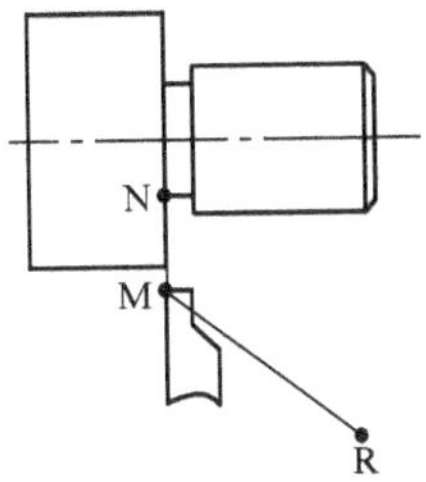	R 点(100,100)→M 点(32,-30)快速定位于起刀点位置→N 点(26,-30)车槽→M 点退刀→R 点至换刀点位置

（续）

工步内容	工步简图	刀路分析与基点位置
车螺纹		G32指令：进给路线为 R→M→I→J→K→R（最后一刀）；M→I→J→K→M（车削过程循环），其中 M→I（进给，功能指令 G00），I→J（车螺纹，功能指令 G32），J→K（退刀，功能指令 G01），K→M（退刀到循环点，功能指令 G00） 螺纹加工轨迹中升速进给段 δ 为 3mm，降速退刀段 δ′为 2mm
		G92指令：进给循环路线为 R→M→I→J→K→M→R 其中，M→I 应按螺纹螺距大小与车削加工精度要求进行分刀进给车削 螺纹加工轨迹中升速进给段 δ 为 3mm，降速退刀段 δ′为 2mm

5）该零件的数控加工程序。

① G32 指令编程及说明见表 5-23。

表 5-23　G32 指令编程及说明

程　　序	说　　明
O8505;	主程序名
N1 G99 T0101 M03 S800;	用 G 指令建立工件坐标系，选用 1 号刀，主轴以 800r/min 正转
N2 G00 X34. Z0. ;	快速定位
N3 G01 X-0.5 F0.08;	车端面
N4 Z2. ;	退刀（离开端面）
N5 G00 X22. ;	至倒角延长线上
N6 X30. Z-2. ;	倒角 C2
N7 Z-30. F0.15;	车外圆表面，长 30mm
N8 X34. ;	退刀
N9 G00 X100. Z100. ;	至换刀点
T0202 S400;	换 2 号刀
N11 G00 X34. Z-30. ;	快速定位
N12 G01 X26. F0.08;	车槽
N13 G04 P3;	暂停
N14 G01 X34. F0.3;	退刀
N15 G00 X100. Z100. ;	至换刀点
T0303 S300;	换 3 号刀
N16 G00 X34. Z3. ;	快速定位（确定升速进给段 δ）

（续）

程　序	说　明
N17 G00 X29.1；	至第一刀加工起点
N18 G32 Z-27.F2.；	车削螺纹（Z值包含降速退刀段δ'）
N19 G01 X34.；	退刀
N20 G00 Z3.；	
N21 X28.5；	至第二刀加工起点
N22 G32 Z-27.F2.；	第二刀车削螺纹
N23 G01 X34.；	
N24 G00 Z3.；	
N25 X27.9；	第三刀车削螺纹
N26 G32 Z-27.F2.；	
N27 G01 X34.；	
N28 G00 Z3.；	
N29 X27.835；	第四刀精车螺纹
N30 G32 Z-27.F2.；	
N31 G01 X34.；	
N32 G00 X100.Z100.；	
N33 M05；	主轴停止
N34 M30；	主程序结束并返回

图 5-8　零件的加工

② G92 车削螺纹程序见表 5-24。

表 5-24　G92 车削螺纹程序

程　序	说　明
T0303 S300；	
G00 X34.Z3.；	
G92 X29.1 Z-27.F2.；	G92 指令车螺纹
X28.5；	
X27.9；	
X27.835；	
G00 X100.Z100.；	

③ G76 车削螺纹程序见表 5-25。

表 5-25　G76 车削螺纹程序

程　序	说　明
T0303 S300；	换 3 号刀，主轴以 300r/min 正转
G00 X34.Z3.；	
G76 020060 Q0.02 R0.01；	车螺纹
G76 X24.825 Z-25.R0.P1.0825 Q0.4 F2.；	
G00 X100.Z100.；	至换刀点

从表5-23中可以看出，G32加工螺纹时程序段较多，因此一般不用此指令，常用循环指令加工螺纹。

任务六　内、外圆粗车循环加工

1）工程训练图样如图5-9所示。

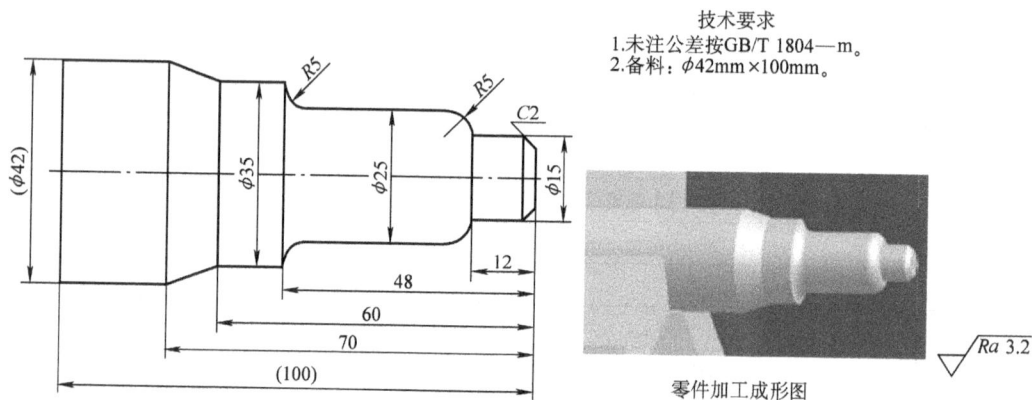

技术要求
1.未注公差按GB/T 1804—m。
2.备料：ϕ42mm×100mm。

零件加工成形图

图5-9　外圆粗车循环加工零件

2）工艺分析。零件的加工工艺分析见表5-26。

表5-26　零件的加工工艺分析

项目内容	分析说明
设备选择	FANUC 0i 系统
刀具选择	1. 主偏角为93°的机夹车刀，刀号T0101（刀柄：SCLCR2020K09；刀片：CC..09T308） 2. 外圆精车刀（刀尖角35°），刀号T0202（刀柄：SVJCR2020K11；刀片：VC..110304）
量具选用	1. 游标卡尺（0～125mm） 2. 螺纹千分尺（0～25mm、25～50mm）
切削用量的选用	1. 背吃刀量：精车时为 0.4mm 2. 进给量：外圆车削时 $f=0.2$mm/r；车端面时 $f=0.1$mm/r 3. 主轴转速：粗车外圆时 $n=800$r/min；精车时 $n=1000$r/min
夹具的选用	该零件用自定心卡盘直接装夹，零件伸出卡盘外长度不小于75mm
坐标原点的选取	该零件的坐标原点应选择在零件右端面与轴线的交点处
加工工步	车端面→粗车各相关表面→精车各相关表面
编程用功能指令	螺纹加工编程指令有 G71、G70 等

3）功能指令的编程格式与方法包括以下几点。

① FANUC 系统内、外圆粗车循环（G71）指令编程格式与要点见表5-27。

② G70 精加工循环指令的编程格式与要点说明见表5-28。

4）加工工序单与进给路线见表5-29。

5）该零件的数控加工程序见表5-30。

表 5-27　G71 功能指令编程格式与要点说明

功能指令	G71
格式	G71U(ΔU)R(E)； G71P(ns)Q(nf)U(ΔU)W(ΔW)F(f)S(s)T(t)； N(ns) … 　　… 　　…f 　　…s 　　…t 　　… 　　… N(nf) …　　A→A′→B 的精加工形状指令由顺序号 ns~nf 的程序来指令,精加工形状的每条移动指令必须带行号(见进给路线图)
进给路线图	 程序指定的轨迹 ΔW　A′ ΔU/2 45° Δd B　　A 　　C
切削形状图	B U(−)..W(+) A　　A′ U(−)..W(−) B 　　　A′　　　　A′ 　　Z X 　　　A′　　　直线、圆弧插补都可以 B U(+)..W(+) A　　A′ U(+)..W(−) B
要点说明	1. 在进给路线图的程序轨迹中,给出 A→A′→B 之间的精加工形状,留出 ΔU/2、ΔW 精加工余量,用 Δd 表示每次的背吃刀量(Δd 无符号,切入的方向由 AA′方向决定) 2. E 是退刀量,中模态值,在下次指定前均有效。ns 为精加工路径的第一程序段的顺序号;nf 为精加工路径最后程序段的顺序号;ΔU 为 X 方向精加工余量的距离及方向;ΔW 为 Z 方向精加工余量 R 的距离及方向。在 G71 循环中,顺序号 ns~nf 程序段中的 f、s、t 功能无效,全部忽略,仅在有 G71 指令的程序段中有效 3. Δd、ΔU 都用同一地址 U 指定,根据程序段有无指定的 P、Q 区别。循环动作由 P、Q 指定的 G71 指令进行。G71 有四种切削情况,无论是哪一种都是根据刀具平行 Z 轴移动进行切削的,ΔU、ΔW 的符号见切削形状图

表 5-28　G70 精加工循环指令的编程格式与要点说明

功能指令	G70
格式	G70 P(ns)Q(nf)；
要点说明	1. ns 是构成精加工形状的程序段群的第一个程序段的顺序号;nf 是构成精加工形状的程序段群的最后一个程序段的顺序号 2. 在 G71、G72、G73 程序段中指令的 f、s、t 对于 G70 的程序段无效,而顺序号 ns~nf 指令的 f、s、t 为有效 3. G70 的循环一结束,刀具就用快速进给返回始点,并开始读入 G70 循环的下一个程序段 4. 在 G70~G73 被使用的顺序号 ns~nf 的程序段中不能调用子程序

表 5-29　零件加工工序单与进给路线

工步内容	工步简图	刀路与基点位置
车端面		进给路线:快速定位 P 点(44,0)→O 点(0,0)(车端面)→退刀 S 点(0,2)→循环点 Q 点(44,2)
粗、精车外圆及各相关表面		G71 粗车(G70 精车)进给路线:Q 点→倒角延长线上 A 点(7,2)→倒角 B 点(15,-2)→车 ϕ15mm 外圆表面 C 点(15,-12)→车 R5mm 凸圆弧面 D 点(25,-17)→车 ϕ25mm 外圆表面 E 点(25,-43)→车 R5mm 凹圆弧 F 点(35,-48)→车 ϕ35mm 外圆表面 G 点(35,-60)→车斜面 H 点(42,-70)

表 5-30　零件数控加工程序及说明

程　序	说　明
O8506;	主程序名
G99 T0101 M03 S800;	用 G 指令建立工件坐标系,主轴以 800r/min 正转
G00 X44. Z0.;	快速定位 P 点,准备车端面(表 5-29 中车端面图)
G01 X-0.5 F0.1;	车端面(P→O)
Z2.;	退刀,离开端面(O→S)
G00 X44.;	退刀到循环点 Q
G71 U1. R1.;	粗车各外圆表面
G71 P30 Q100 U 0.5 W 0.2 F0.2;	
N30 G00 X7.;	进给至 A 点(倒角延长线处)(表 5-29 中粗、精车外圆及各相关表面图)
G01 X15. Z-2 F0.1;	倒角 C2(A→B)
Z-12. F0.2;	车 ϕ15mm 外圆(B→C)
G03 X25. Z-17. R5. F0.1;	车 R5mm 凸圆弧(C→D)
G01 Z-43. F0.2;	车 ϕ25mm 外圆(D→E)
G02 X35. Z-48. R5. F0.1;	车 R5mm 凹圆弧(E→F)
G01 Z-60. F0.2;	车 ϕ35mm 外圆(F→G)
N100 G01 X42. Z-70.;	车斜面(G→H)
G00 X100. Z100.;	退刀到换刀点位置
T0202 S1000;	换 2 号刀

112

（续）

程 序	说 明
G00 X44. Z2.;	至循环点位置
G70 P30 Q100;	精车相关表面
G00 X100. Z100.;	退刀
M05;	主轴停止
M30;	主程序结束并返回

图 5-9　零件的加工

任务七　径向（端面）粗车循环加工

1）工程训练图样如图 5-10 所示。

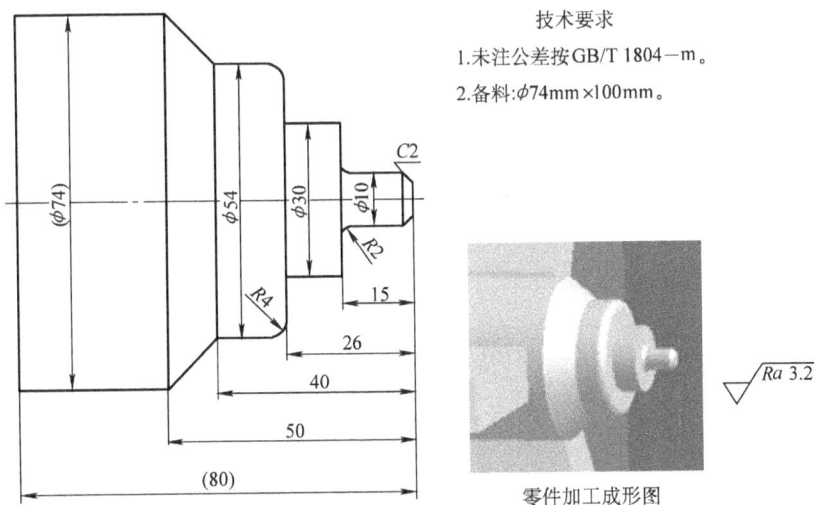

技术要求

1.未注公差按GB/T 1804—m。

2.备料:φ74mm×100mm。

零件加工成形图

图 5-10　径向粗车循环加工零件

2）工艺分析。零件的加工工艺分析见表 5-31。

表 5-31　零件的加工工艺分析

项目内容	分析说明
设备选择	FANUC 0i 系统
刀具选择	左偏外圆车刀（刀尖角 35°），刀号 0101（刀柄:SVJCR2020K11;刀片:VC..110304）
量具选用	1. 游标卡尺（0~125mm） 2. 螺纹千分尺（0~25mm、25~50mm） 3. 半径样板
切削用量的选用	1. 背吃刀量：精车时 X 轴方向为 0.4mm,Z 轴方向为 0.2mm 2. 进给量：粗车时 f=0.2mm/r;精车时 f=0.1mm/r 3. 转速:n=700r/min

113

（续）

项 目 内 容	分 析 说 明
夹具的选用	该零件用自定心卡盘直接装夹,零件伸出卡盘外长度不小于 55mm
坐标原点的选取	该零件的坐标原点应选择在零件右端面与轴线的交点处
加工工步	车端面→粗、精车各相关表面
编程用功能指令	加工编程指令 G72

3）功能指令的编程格式与方法。FANUC 系统 G72 径向（端面）粗车复合循环功能指令编程要点见表 5-32。

表 5-32　G72 功能指令编程格式与要点说明

功能指令	G72
格式	G72W(ΔU)R(E); G72P(ns)Q(nf)U(ΔU)W(ΔW)F(f)S(s)T(t); N(ns)… … …f …s　　　A→A′→B 的精加工形状的指令由顺序号 ns～nf 的程序来指令, …t　　精加工形状的每条移动指令必须带行号 … N(nf)…
进给路线图	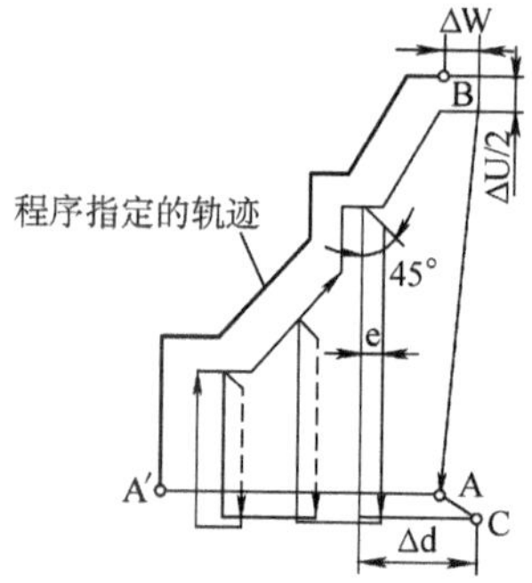
切削形状图	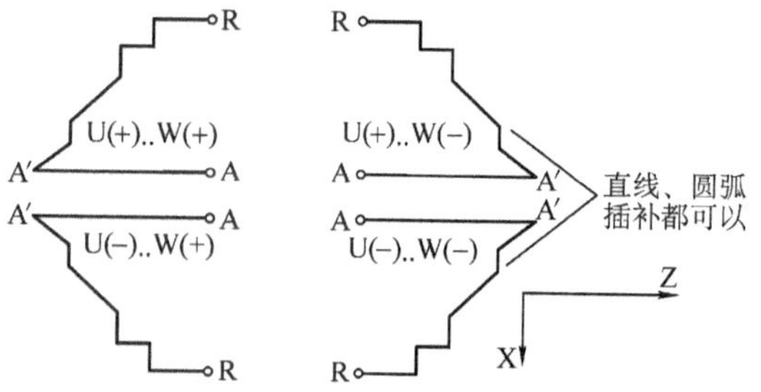
要点说明	1. 与 G71 指令相同,用与 X 轴平行的动作进行切削 2. 用 G72 切削时,有四种情况,无论哪种,都是根据刀具重复平行于 X 轴的动作进行切削的。ΔU、ΔW 的符号如上图所示

4）加工工序单与进给路线见表 5-33。

表 5-33 零件加工工序单与进给路线

工步内容	工步简图	刀路与基点位置
车端面		进给路线:快速定位 A 点(75,0)→O 点(0,0)(车端面)→退刀 B 点(0,1)→粗车循环点 C 点(75,1)
精车各外圆表面		进给路线:快速定位 D 点(74,-50)→E 点(54,-40),车斜面→F 点(54,-30),车 φ54mm 外圆→G 点(46,-26),车 R4mm 圆弧→H 点(30,-26),车台阶面→I 点(30,-15),车 φ30mm 外圆→P 点(14,-15),车台阶面→M 点(10,-13),车 R2mm 圆弧→N 点(10,-2),车 φ10mm 外圆→T 点(6,0),倒角

5）该零件的数控加工程序见表 5-34。

表 5-34 零件数控加工程序及说明

程　序	说　明
O8507;	主程序名
G99 T0101 M03 S700;	用 G 指令建立工件坐标系,主轴以 700r/min 正转
G00 X75. Z0.;	快速定位 A 点,准备车端面(表 5-33 中车端面图)
G01 X-0.5 F0.1;	车端面(A→O)
Z2.;	退刀,离开端面(O→B)
G00 X75.;	退刀到粗车循环点 C
G72 W1. R1.;	用 G72 径向循环指令粗车各相关表面
G72 P10 Q40 U0.4 W0.2 F0.2;	
N10 G00 Z-50.;	快速定位 D 点(表 5-33 中精车各外圆表面图)
X74.;	
G01 X54. Z-40. F0.1;	车斜面(D→E)
Z-30.;	车 φ54mm 外圆(E→F)
G02 U-8. W4. R4.;	车 R4mm 圆弧(F→G)
G01 X30.;	车台阶面(G→H)
Z-15.;	车 φ30mm 外圆(H→I)
U-16.;	车台阶面(I→P)

（续）

程　　序	说　　明	
G03 U-4. W2. R2. ;	车 $R2$mm 圆弧（P→M）	
G01 Z-2. ;	车 $\phi10$mm 外圆（M→N）	
N40 G01 U-6. W2. ;	倒角 $C2$（N→T）	
G00 X100. Z100. ;	退刀	
M05 ;	主轴停止	
M30 ;	主程序结束并返回	图 5-10　零件的加工

任务八　多重复合（封闭复合）循环加工

1）工程训练图样如图 5-11 所示。

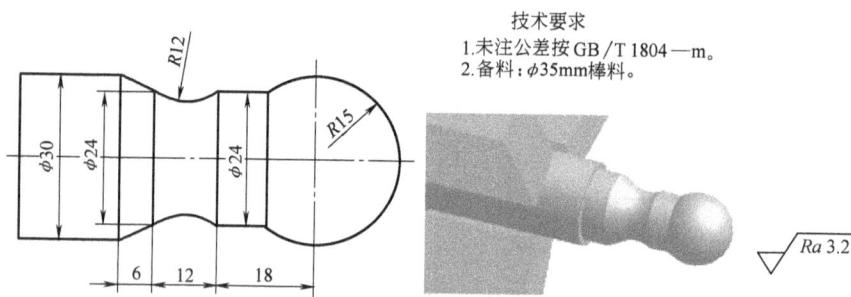

技术要求
1. 未注公差按 GB/T 1804—m。
2. 备料：$\phi35$mm 棒料。

零件加工成形图

图 5-11　多重复合循环加工零件

2）工艺分析　零件的加工工艺分析见表 5-35。

表 5-35　零件的加工工艺分析

项目内容	分析说明
设备选择	FANUC 0i 系统
刀具选择	外圆车刀（刀尖角 35°），刀号 0101（刀柄：SVJCR2020K11；刀片：VC..110304）
量具选用	1. 游标卡尺（0~125mm） 2. 螺纹千分尺（0~25mm，25~50mm） 3. 半径样板
切削用量的选用	1. 背吃刀量：精车时 X 轴方向为 0.2mm，Z 轴方向为 0.1mm 2. 进给量：粗车时 $f=0.2$mm/r；精车时 $f=0.1$mm/r 3. 主轴转速：$n=800$r/min
夹具的选用	该零件用自定心卡盘直接装夹，零件伸出卡盘外长度不小于 70mm
坐标原点的选取	该零件的坐标原点应选择为零件右端面与轴线的交点处
加工工步	车端面→粗、精车各相关表面
编程用功能指令	G73

3）功能指令的编程格式与方法：FANUC 系统 G73 闭环复合循环功能指令编程格式与要点说明见表 5-36。

表 5-36 G73 指令编程格式与要点说明

功能指令	G73
格式	G73 U（ΔI）W（ΔK）R（D）； G73 P（ns）Q（nf）U（ΔU）W（ΔW）F（f）S（s）T（t）； N（ns）… …　A→A′→B 精加工的轨迹，用顺序号 ns～nf 的程序段来指令 N（nf）…
进给路线图	
要点说明	1. 程序中指令的轨迹为 A→A′→B 2. 使用该循环可以按同一轨迹重复切削，每次切削刀具向前移动一次，因此对于锻造件、铸造件等毛坯，可以高效率地加工，见进给路线图 3. ΔI 为 X 轴方向退刀的距离及方向（半径指定）。这个指定是模态的，一直到下次指定前均有效，并且用参数（No. 53）也可以设定。根据程序指令，参数值也可以改变 4. ΔK 为 Z 轴方向的退刀距离及方向。这个指令是模态的，一直到下次指定前均有效，并且用参数（No. 54）也可以设定。根据程序指令，参数值也可以改变 5. D 为分割次数，等于粗车次数。该指令是模态的，直到下次指定前均有效，并且用参数（No. 55）也可以设定。根据程序指令，参数值也可以改变 6. ns 是构成精加工形状的程序群的第一个程序段的顺序号；nf 是构成精加工形状的程序群的最后一个程序段的顺序号 7. ΔU 为 X 轴方向的精加工余量（直径/半径指定）；ΔW 为 Z 轴方向的精加工余量 8. f、s、t 在 ns～nf 间任何一个程序段上的 f、s、t 功能均无效，仅在 G73 中指定的 f、s、t 功能有效 9. ΔI、ΔK、ΔU、ΔW 都用地址 U、W 指定，它们可根据有无指定的 P、Q 来判断。循环动作依 G73 指令的 P、Q 进行。切削形状可分为四种，编程时请注意 ΔU、ΔW、ΔI、ΔK 的符号。循环结束后，刀具返回 A 点

4）加工工序单与进给路线见表 5-37。

表 5-37 零件加工工序单与进给路线

工步内容	工步简图	刀路与基点位置
车端面		走刀路线：快速定位 A 点（36,0）→O 点（0,0）（车端面）→退刀 B 点（0,2）→粗车循环点 C 点（36,2）

（续）

工步内容	工步简图	刀路与基点位置
G90 粗车 R15mm 圆球表面	—	—
G73 车各相关表面	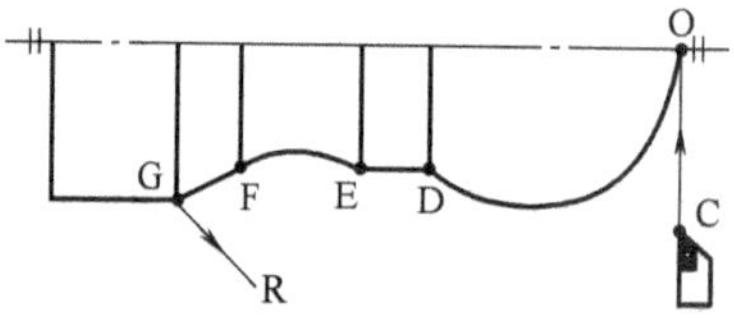	G73 循环车削时共分五次循环进给完成，最后一次循环走刀路线为：C→O→D→E→F→G→R（换刀点）。各点对应坐标为：C（36,0）、O（0,0）、D（24,-24）、E（24,-31）、F（24,-45）、G（30,-51）

5) 该零件的数控加工程序见表 5-38。

表 5-38　零件数控加工程序及说明

程序	说明
O8508;	主程序名
G99 T0101 M03 S800;	主轴以 800r/min 正转
G00 X36. Z0.;	
G01 X-1. F0.1;	车端面
Z2.;	
G00 X36.;	
G90 X32. Z-2. R-4. F0.2;	粗车 R15mm 圆球表面
X32. Z-6. R-8.;	
G73 U8. W 0.1 R4.;	
G73 P20 Q50 U0.2 W0.1 F0.2;	
N20 G00 X0.;	
G01 Z0.;	
G03 X24. Z-24. R15. F0.1;	G73 循环粗车
G01 Z-33.;	
G02 X24. Z-45. R12.;	
G01 X30. W-6.;	
Z-61.;	
N50 G01 X36.;	
G70 P20 Q50;	G70 精车
G00 X100. Z100.;	返回换刀点位置
M05;	主轴停
M30;	主程序结束并返回

图 5-11　零件的加工

任务九　外形轮廓综合加工实例

1) 综合实例一图样如图 5-12 所示。

技术要求

1.未注公差按GB/T 1804—m。

2.未注倒角C1。

3.备料:$\phi42mm\times100mm$。

$\sqrt{Ra\ 1.6}$

零件立体图

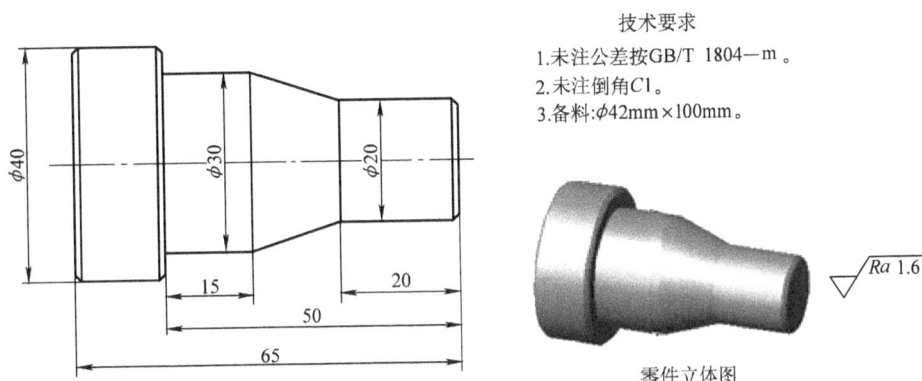

图 5-12　综合实例一

① 工艺分析。零件的加工工艺分析见表 5-39。

表 5-39　零件的加工工艺分析

项目内容	分析说明
设备选择	FANUC 0i 系统
刀具选择	1. 主偏角为 93°的机夹车刀,刀号 0101(刀柄:SCLCR2020K09;刀片:CC..09T308) 2. 外圆车刀(刀尖角 35°),刀号 0202(刀柄:SVJCR2020K11;刀片:VC..110304) 3. 车断刀,刀头宽 5mm,刀头长 25mm,刀号 0303(刀柄:QA2020R03;刀片:Q03YB415)
量具选用	1. 游标卡尺(0~125mm) 2. 螺纹千分尺(0~25mm、25~50mm)
切削用量的选用	1. 背吃刀量:粗车时为 1.5mm;精车时为 0.5mm 2. 进给量:粗车时 $f=0.2mm/r$;精车时 $f=0.1mm/r$ 3. 转速:粗车时 $n=700r/min$;精车时 $n=1000r/min$;切断时 $n=400r/min$
夹具的选用	该零件用自定心卡盘直接装夹,零件伸出卡盘外长度不小于 75mm
坐标原点的选取	该零件的坐标原点应选择在零件右端面与轴线的交点处
加工工步	G71 进给车削:车端面→G71 粗车各相关表面(倒角 C1→车 $\phi20mm$ 外圆→车斜面→车 $\phi30mm$ 外圆表面→车台阶面→倒角 C1→车 $\phi40mm$ 外圆表面)→G70 精车各表面→切断
编程用功能指令	该零件加工形状较为简单,加工时可采用 G00、G01 指令编程加工,也可采用 G71 外圆循环指令车削,再用 G70 指令精车

② 加工工序单与进给路线见表 5-40。

表 5-40　零件加工工序单与进给路线

工步内容	工步简图	刀路与基点位置
车端面		进给路线:快速定位于 A 点(42,0)→O 点(0,0),车端面→B 点(0,2),退刀离开端面→Q 点(44,2),至循环点

（续）

工步内容	工步简图	刀路与基点位置
粗、精车各表面		G71 进给路线：至倒角延长线 D 点（14,2）→C 点（20,-1），倒角 C1→E 点（20,-20），车 φ20mm 外圆面→F 点（30,-35），车斜面→G 点（30,-50），车 φ30mm 外圆面→H 点（38,-50），车台阶面至倒角进给点→K 点（40,-51），倒角→M 点（40,-65），车 φ40mm 外圆面→R 点（100,100），至换刀点
切断	先车部分槽　　倒角并切断	走刀路线：快速定位 P 点（44,-70）→先车部分槽退刀至 P 点→移至 S 点（44,-67）→U 点（38,-70），倒角 C1→切断

③ 该零件的数控加工程序见表 5-41。

表 5-41　零件数控加工程序及说明

程　　序	说　　明
O8509；	程序名
G99 T0101；	用 G 指令建立工件坐标系,选用 1 号刀
M03 S700；	主轴以 700r/min 正转
G00 X42. Z0.；	快速定位 A 点
G01 X-0.5 F0.1；	车端面（A→O）
Z2.；	退刀（O→B）
G00 X42.；	退刀（B→Q）
G71 U1.5 R1.；	用 G71 指令粗车各相关表面
G71 P10 Q50 U0.5 W0.2 F0.2；	
N10 G00 X14.；	至倒角延长线上（D 点）
Z2.；	
G01 X20. Z-1.；	倒角 C1（D→C）
Z-20.；	车 φ20mm 外圆表面（C→E）
X30. Z-35.；	车斜面（E→F）
Z-50.；	车 φ30mm 外圆表面（F→G）
X38.；	车台阶面,至倒角延长线处（G→H）

（续）

程　序	说　明	
X40. Z-51. ;	倒角 $C1$（H→K）	
Z-65. ;	车 $\phi40$mm 外圆表面（K→M）	
N50 G01 X42. ;	退刀	
G00 X100. Z100. ;	到换刀点	
T0202 S1000;	换 2 号刀，主轴以 1000r/min 正转	
G00 X42. Z2. ;	快速定位	
G70 P10 Q50;	用 G70 精车各表面	
G00 X100. Z100. ;	到换刀点	
T0303 S400;	选用 3 号刀，主轴以 400r/min 正转	
G00 X44. ;	快速定位（P 点）	
Z-70. ;		
G01 X30. F0. 1;	先车部分槽	
X44. ;	退刀（纵向退刀）	
Z-67. ;	退刀至 S 点（横向退刀至倒角延长线上）	
X38. Z-70. ;	倒角 $C1$（至 U 点）	
X0. ;	切断	
X-68. ;	Z 向退刀	
G00 X100. Z100. ;	快速退刀	
M05;	主轴停	
M30;	主程序结束并返回	图 5-12　零件的加工

2）综合实例二。图样如图 5-13 所示。

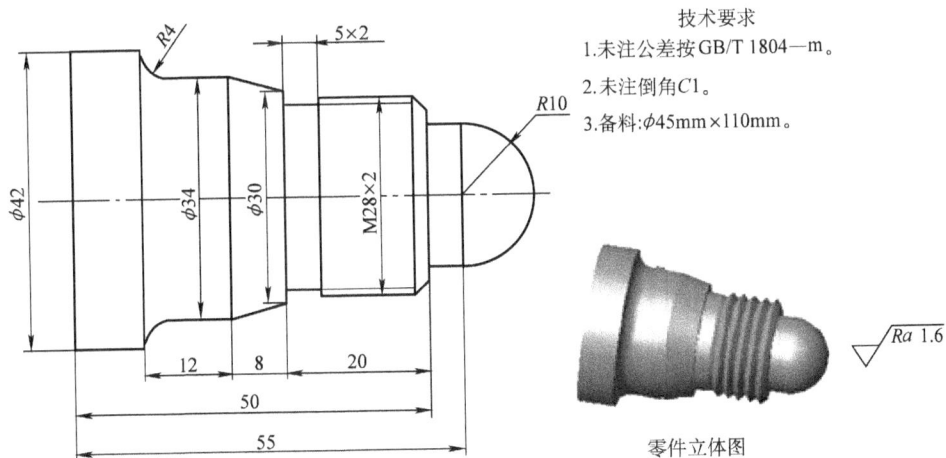

技术要求
1.未注公差按GB/T 1804—m。

2.未注倒角C1。

3.备料:$\phi45$mm×110mm。

零件立体图

图 5-13　综合实例二

① 工艺分析。综合实例二加工工艺分析见表 5-42。

121

表 5-42　零件的加工工艺分析

项目内容	分析说明
设备选择	FANUC 0i 系统
刀具选择	1. 外圆车刀(刀尖角 35°),刀号 0202(刀柄:SVJCR2020K11;刀片:VC..110304) 2. 车断刀,刀头宽 5mm,刀头长 10mm,刀号 0303(刀柄:QA2020R03;刀片:Q03YB415) 3. 60°外螺纹车刀(刀柄:SER2020K16T;刀片:16ER2.00ISOEC1030)
量具选用	1. 游标卡尺(0~125mm) 2. 外径千分尺(25~50mm) 3. 螺纹千分尺(0~25mm、25~50mm) 4. 半径样板
切削用量的选用	1. 背吃刀量:粗车时为 1.5mm,精车时为 0.5mm 2. 进给量:粗车时 $f=0.2$mm/r;精车时 $f=0.1$mm/r 3. 转速:粗车时 $n=500$r/min;精车时 $n=1000$r/min;车断时 $n=400$r/min;车螺纹时 $n=350$r/min
夹具的选用	该零件用自定心卡盘直接夹实,零件伸出卡盘外长度不小于 80mm
坐标原点的选取	该零件的坐标原点应选择在零件右端面与轴线的交点处
加工工步	车端面→G71 粗车各相关表面(车 R10mm 圆弧→车 ϕ20mm 外圆→车螺纹大径→车斜面→车 ϕ34mm 外圆表面→车 R4mm 圆弧→车 ϕ42mm 外圆)→G70 精车各表面→车槽→车螺纹→车断
编程用功能指令	该零件采用 G71 外圆循环指令车削,再用 G70 指令精车,圆弧车削用 G02、G03 指令,螺纹车削采用 G92 指令
螺纹小径计算	$d_1 = d - 1.0825P = 28\text{mm} - 1.0825 \times 2\text{mm} = 25.835\text{mm}$

② 加工工序单与进给路线见表 5-43。

表 5-43　零件加工工序单与进给路线

工步内容	工步简图	刀路与基点位置
粗、精车各表面		G71 进给路线:R10mm 圆弧起点 O(0,0)→D 点(20,-10)车 R10mm 圆弧→E 点(20,-15),车 ϕ20mm 外圆面→F 点(24,-15),车台阶面→G 点(28,-17),倒角 C2→H 点(28,-35)→K 点(30,-35)→M 点(34,-43)→N 点(34,-51),车 ϕ34mm 外圆面→Q 点(42,-55),车凹圆弧 R4mm→S 点(42,-65),车 ϕ42mm 外圆面→R 点(100,100),至换刀点
车槽		换 2 号刀,快速定位 P 点(34,-35)→J 点(24,-35),车槽→P 点,退刀→至换刀点
车螺纹		G92 螺纹车削循环:快速定位循环点 T 点(30,-12)→U 点,进给→I 点,车削→Y 点(30,-32)退刀→T 点 螺纹车削分四次进给:第一刀至 27.1mm;第二刀至 26.5mm;第三刀至 25.9mm;第四刀至 25.835mm

③ 该零件的数控加工程序见表 5-44。

表 5-44　零件数控加工程序及说明

程　序	说　明
O8510;	程序名
G99 T0101;	用 G 指令建立工件坐标系,选用 1 号刀
M03 S500;	主轴以 500r/min 正转
G00 X46. Z0. ;	快速定位,准备车端面
G01 X-0.5 F0.1;	车端面
Z2. ;	退刀至循环点
G00 X46. ;	
G71 U1.5 R1. ;	用 G71 粗车各相关表面
G71 P15 Q50 U0.5 W0.2 F0.2;	
N15 G00 X0. ;	快速定位圆弧起点 O
Z0. ;	
G03 X20. Z-10. R10. F0.1;	车 R10mm 圆弧,O→D
G01 Z-15. ;	车 φ20mm 外圆,D→E
X24. ;	车台阶面至倒角延长处,E→F
X28. Z-17. ;	倒角 C2,F→G
Z-35. ;	车螺纹大径,G→H
X30. ;	车台阶面至斜面起点,H→K
X34. Z-43. ;	车斜面,K→M
Z-51. ;	车 φ34mm 外圆,M→N
G02 X42. Z-55. R4. ;	车 R4mm 圆弧,N→Q
G01 Z-65. ;	车 φ42mm 外圆,Q→S
N50 G01 X46. ;	退刀至循环点
G00 Z2. ;	
S1000;	主轴以 1000r/min 正转
G70 P15 Q50;	用 G70 精车各表面
G00 X100. Z100. ;	至换刀点
T0202 S400;	用 2 号刀,主轴以 400r/min 正转
G00 X34. ;	快速定位 P 点
Z-35. ;	
G01 X24. F0.1;	车槽,P→J
G04 P3;	暂停
G01 X34. ;	退刀
G00 X100. Z100. ;	至换刀点
T0303 S350;	选用 3 号刀,主轴以 350r/min 正转,准备车螺纹
G00 X30. Z-12. ;	快速定位 T 点

(续)

程　序	说　明
G92 X27.1 Z-32. F2.；	用 G92 指令车螺纹，第一次进刀
X26.5；	第二次进刀
X25.9；	第三次进刀
X25.835；	第四次精车
G00 X100. Z100.；	至换刀点
T0404 S400；	选用 4 号刀，主轴以 400/min 正转
G00 X46.；	快速定位
Z-70.；	
G01 X0. F0.1；	车断
G00 X100. Z100.；	退刀至换刀点
M05；	主轴停
M30；	主程序结束并返回

图 5-13　零件的加工

任务十　加工质量分析

（1）**端面加工质量分析**　端面加工是零件加工中必不可少的工序，而且直接关系到工件的整体尺寸精度，因此有必要对加工中出现的加工和质量问题、预防和消除方法进行介绍。其具体情况见表 5-45。

表 5-45　端面加工质量分析

问题现象	产生原因	预防方法
端面加工时长度尺寸超差	1. 刀具数据不准确 2. 尺寸计算错误 3. 程序错误	1. 调整和重新设定刀具数据 2. 正确进行尺寸计算 3. 检查修改加工程序
端面表面粗糙度值太大	1. 切削速度过低 2. 刀具中心过高 3. 切屑控制较差 4. 刀尖产生积屑瘤 5. 切削液选用不合理	1. 调高主轴转速 2. 调整刀具中心高度 3. 选用合理的进给方式及背吃刀量 4. 选用合理的切削速度 5. 选择正确的切削液并充分喷注
端面中心处有凸台	1. 程序错误 2. 刀具中心过高 3. 刀具损坏	1. 检查修改加工程序 2. 调整刀具中心高度 3. 更换刀片
加工过程中出现扎刀引起工件报废	1. 进给量过大 2. 刀具角度选择不合理	1. 降低进给速度 2. 正确选择刀具
工件端面凹凸不平	1. 车床主轴间隙过大 2. 程序错误 3. 切削用量选择不当	1. 调整车床主轴间隙 2. 检查修改加工程序 3. 合理选择切削用量

（2）**外圆加工质量分析**　数控车床在加工外圆的过程中会遇到各种加工质量问题，表 5-46 对常出现的问题、产生的原因与预防方法进行了分析。

表 5-46 外圆加工质量分析

问题现象	产生原因	预防方法
外圆尺寸超差	1. 刀具数据不准确 2. 切削用量选用不当产生让刀 3. 程序错误 4. 工件尺寸计算错误	1. 调整和重新设定刀具数据 2. 合理选择切削用量 3. 检查修改加工程序 4. 正确计算尺寸
外圆表面粗糙度值太大	1. 切削速度过低 2. 刀具中心过高 3. 切屑控制较差 4. 刀尖产生积屑瘤 5. 切削液选用不合理	1. 调高主轴转速 2. 调整刀具中心高度 3. 选用合理的进给方式及背吃刀量 4. 选用合理的切削速度 5. 选择正确的切削液并充分喷注
台阶处没清根或呈圆角	1. 程序错误 2. 刀具选择错误 3. 刀具损坏	1. 检查修改加工程序 2. 正确选用加工刀具 3. 更换刀片
加工过程中出现扎刀引起工件报废	1. 进给量过大 2. 切屑阻塞 3. 工件装夹不合理 4. 刀具角度选用不合理	1. 降低进给速度 2. 采用断、退屑方式切入 3. 检查工件装夹,增加装夹刚性 4. 正确选用刀具
台阶端面出现倾斜	1. 程序错误 2. 刀具装夹不正确	1. 检查修改加工程序 2. 正确装夹刀具
工件圆柱度超差或产生锥度	1. 车床主轴间隙过大 2. 程序错误 3. 工件装夹不合理	1. 调整车床主轴间隙 2. 检查修改加工程序 3. 检查工件装夹,增加装夹刚性

（3）槽加工质量分析 具体分析见表 5-47。

表 5-47 槽加工质量分析

问题现象		产生原因	预防方法
槽的一侧或两侧面出现小台阶		刀具数据不准确或程序错误	1. 调整或重新设定刀具数据 2. 检查修改加工程序
槽底出现倾斜		刀具装夹不正确	正确装夹刀具
槽的侧面呈现凹凸面		1. 刀具角度刃磨不对称 2. 刀具角度装夹不对称 3. 刀具两刀尖磨损不对称	1. 更换刀片 2. 重新刃磨刀具 3. 正确装夹刀具
槽的两侧面倾斜		刀具磨损	重新刃磨刀具或更换刀片

（续）

问题现象	产生原因	预防方法
槽底出现振动现象,留有振纹	1. 工件装夹不正确 2. 刀具装夹不正确 3. 切削参数不正确 4. 程序延时时间太长	1. 检查工件装夹,增加装夹刚性 2. 调整刀具装夹位置 3. 提高或降低切削速度 4. 缩短程序延时时间
车槽过程中出现扎刀现象,造成刀具断裂	1. 进给量过大 2. 切屑阻塞	1. 降低进给速度 2. 采用断、退屑方式切入
车槽开始或过程中出现较强的振动,表现为刀具出现谐振现象,严重时车床也会一起产生谐振,切削不能继续	1. 工件装夹不正确 2. 刀具装夹不正确 3. 进给速度过低	1. 检查工件装夹,增加装夹刚性 2. 调整刀具装夹位置 3. 提高进给速度

（4）锥面加工质量分析　具体分析见表 5-48。

表 5-48　锥面加工质量分析

问题现象	产生原因	预防方法
锥度不符合要求	1. 程序错误 2. 工件装夹不正确	1. 检查修改加工程序 2. 检查工作装夹,增加装夹刚性
切削过程中出现振动	1. 工件装夹不正确 2. 刀具装夹不正确 3. 切削参数不正确	1. 正确装夹工件和刀具 2. 编程时合理选择切削参数
锥面径向尺寸不符合要求	1. 程序错误 2. 刀具磨损 3. 没考虑刀尖圆弧半径补偿	1. 保证编程正确,并考虑刀具补偿 2. 及时更换磨损大的刀具
切削过程中出现干涉现象	工件锥度大于刀具后角	1. 正确选择刀具 2. 改变切削方式

（5）螺纹加工质量分析　具体分析见表 5-49。

表 5-49　螺纹加工质量分析

问题现象		产生原因	预防方法
切削过程中出现振动		1. 工件装夹不正确 2. 刀具装夹不正确 3. 切削参数不正确	1. 检查工件装夹,增加装夹刚性 2. 调整刀具装夹位置 3. 提高或降低切削速度
螺纹牙型呈刀口状		1. 刀具角度选择错误 2. 螺纹大径尺寸过大 3. 螺纹切削过深	1. 选择正确的刀具 2. 检查并选择合适的螺纹大径尺寸 3. 减小螺纹切削深度
螺纹牙顶过平		1. 刀具中心错误 2. 螺纹切削深度不够 3. 刀具刀尖角过小 4. 螺纹大径尺寸过小	1. 选择合适的刀具并调整刀具中心高度 2. 计算并增加切削深度 3. 检查并选择合适的螺纹大径尺寸

（续）

问题现象		产生原因	预防方法
螺纹牙型底部圆弧过大		1. 刀具选择错误 2. 刀具磨损严重	1. 选择正确的刀具 2. 重新刃磨或更换刀片
螺纹牙型底部过宽		1. 刀具选择错误 2. 刀具磨损严重 3. 螺纹有乱牙现象	1. 选择正确的刀具 2. 重新刃磨或更换刀片 3. 检查加工程序中有无导致乱牙的原因
螺纹牙型半角不正确		刀具装夹角度不正确	调整刀具装夹角度
螺纹表面质量差		1. 切削速度过低 2. 刀具中心过高 3. 切屑控制较差 4. 刀尖产生积屑瘤 5. 切削液选用不合理	1. 调高主轴转速 2. 调整刀具中心高度 3. 选择合理的进给方式及切深 4. 选择合适的切削液并充分喷注
螺距误差		1. 伺服系统滞后效应 2. 加工程序不正确	1. 增加螺纹升降段的长度 2. 检查修改加工程序

训练拓展

能力训练

1. 编制图 5-14 所示零件的数控加工程序，并上机操作，完成该零件的车削加工。

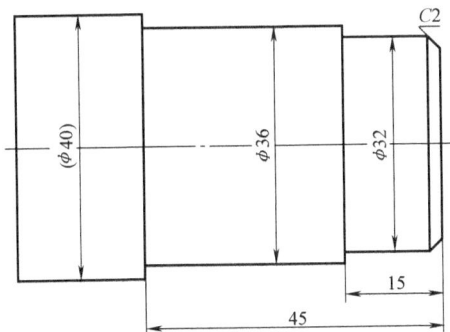

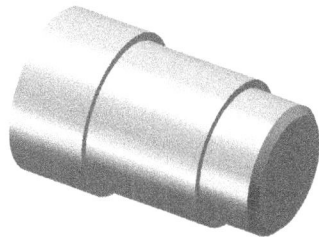

图 5-14　能力训练图样四

2. 编制图 5-15 所示零件的数控加工程序。

3. 编制图 5-16 所示零件的数控加工程序。

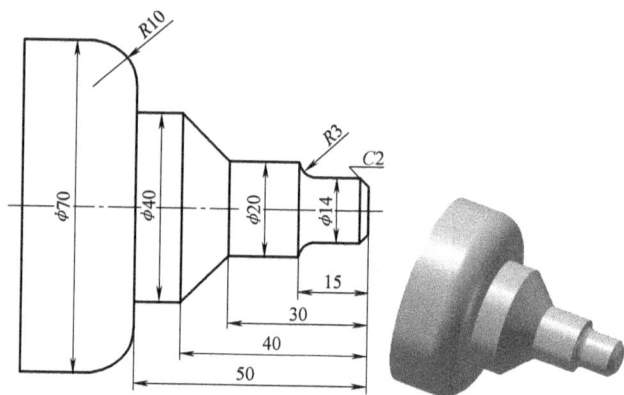

图 5-15　能力训练图样五

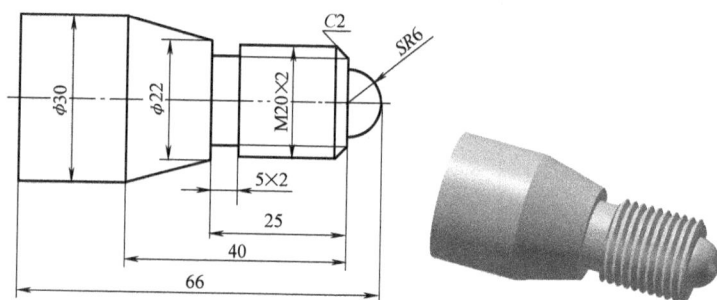

图 5-16　能力训练图样六

项目二

套类零件的车削

项目导读

在机械零件中，一般把轴套、衬套等零件称为套类零件。套类零件也是机器中常用的零件之一。套类零件的加工基本上是孔的加工。

学习目标

知识目标

1）能对所加工的零件进行简单的工艺分析。

2）能分析各结构表面的进给路线与各基点坐标（或计算基点坐标位置）。

3）正确执行安全技术操作规程。

4）对零件进行加工质量分析掌握影响加工质量的原因及预防措施。

5）能按企业有关文明生产的规定，做到工作场地整洁，工件、工量具摆放整齐。

能力目标

1）掌握各功能指令的编程格式与要点。

2）完成能力训练图样七~九（图 6-11~图 6-13）零件加工程序的编制，并完成能力训练图样八（图 6-12）的上机加工操作。

学习方式与评价

1）以实训操作为主进行讲解。

2）分工合作。根据小组成员分工的明确性、任务分配的合理性以及小组分工的职责明细表进行量化评价。

3）基本知识分析讨论。根据小组讨论的热烈度、概念的准确性、逻辑性做出量化评价。

4）成果展示。根据学生对模块任务要求的理解，完成能力训练任务的情况进行全面量化评价。

学习内容

任务一 直孔的编程与加工

1）工程训练图样如图 6-1 所示。

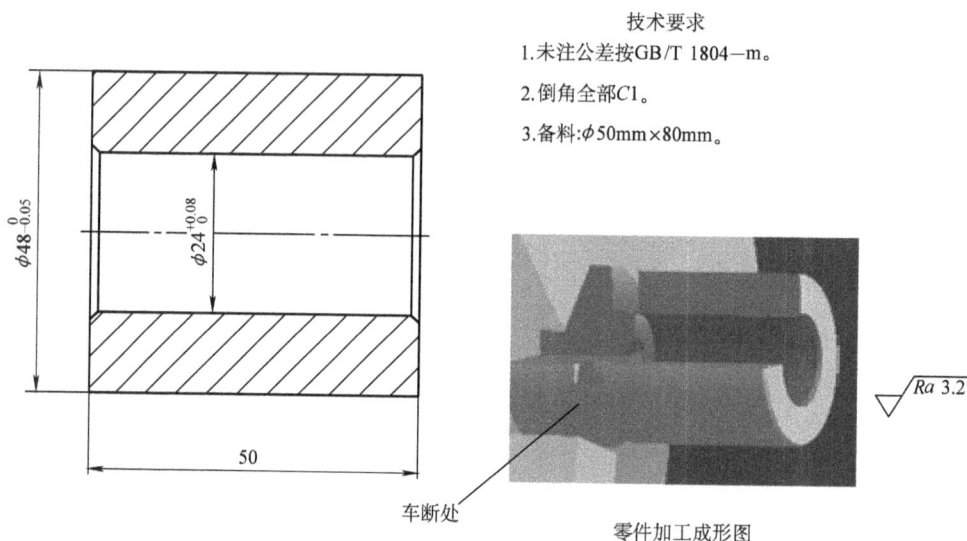

技术要求

1.未注公差按GB/T 1804—m。

2.倒角全部$C1$。

3.备料:$\phi50mm\times80mm$。

图 6-1　车直孔零件

2）工艺分析。零件的加工工艺分析见表 6-1。

表 6-1　零件的加工工艺分析

项目内容	分析说明
设备选择	FANUC 0i 系统
刀具选择	1. 外圆端面车刀,刀号 0101(刀柄:SCLSR2020K09;刀片:CC..09T308) 2. 内孔车刀,刀号 0202(刀柄:S12M-SCLCR06;刀片:CC..060204) 3. 车断刀,刀头宽 4mm,刀长 15mm,刀号 0303(刀柄:QA2020R03;刀片:Q03YB415) 4. A3 中心钻 5. $\phi22mm$ 麻花钻
量具选用	1. 游标卡尺(0~125mm) 2. 外径千分尺(25~50mm) 3. 内径量表(或塞规)
切削用量的选用	1. 转速选择:钻孔 $n=400r/min$;车外圆 $n=800r/min$;车内孔 $n=450r/min$;车断 $n=400r/min$ 2. 背吃刀量选用:因外圆加工余量不大,故一次进给车削完成,内孔分三次完成,第一次粗车 1mm($a_p=0.5mm$),第二次半精车 0.8mm($a_p=0.4mm$),第三次精车 0.2mm($a_p=0.1mm$) 3. 进给量选择:外圆车削 $f=0.2mm/r$,内孔车削、车断 $f=0.15mm/r$
夹具的选用	该零件应选用自定心卡盘直接装夹,保证零件伸出卡盘外长度不小于 57mm
坐标原点的选取	该零件的坐标原点应选择在零件右端面与轴线的交点处
加工工步	车端面→钻中心孔→钻孔 $\phi22mm$→倒角 $C1$→车外圆→车内孔→车断
编程用功能指令	因形体结构简单,故该零件采用 G00、G01 指令编程(内孔也可采用 G90 指令编程)

3）加工工序单与进给路线见表 6-2。

内孔车削与外圆车削的进给方式刚好相反,内孔的进给是车外圆时的退刀,内孔的退刀是车外圆时的进给,如图 6-2 所示,这一点切不可弄错。

表 6-2　零件加工工序单与进给路线

工步内容	工步简图	刀路分析与基点位置
车端面		端面车削余量 0.5mm 左右
钻中心孔		用 A3 中心钻钻中心孔→用麻花钻钻孔（深大于 50mm，55mm 左右）
倒角、车外圆		选用 1 号刀:进给至 A 点(44,1),倒角延长线上→B 点(48,−1),倒角 C1→C 点(48,−50),车外圆→D 点(51,−50),退刀
车内孔		选用 2 号刀:快速定位 H 点(22,2)→进给 E 点(24,2)→F 点(24,50),车内孔→G 点(20,−50),退刀→H 点,返回起刀点 上述进给过程为一次进给完成,本例内孔车削分三次进给完成(见表 6-1 中切削用量的选用)
车断		选用 3 号刀:快速定位 M 点(52,−54)(工件总长 50mm+刀头宽度 4mm=54mm)→S 点(24,−54),车断

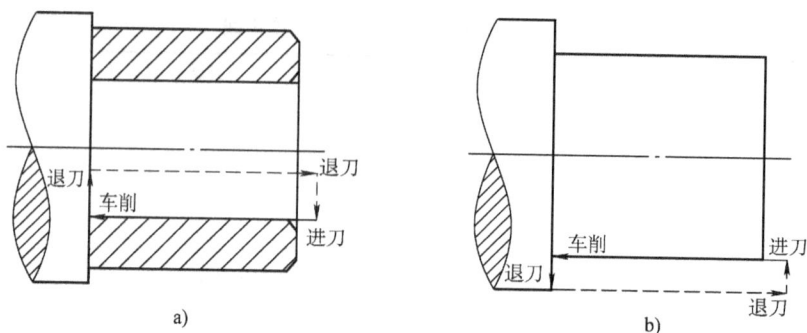

图 6-2 内孔与外圆车削时的进给方向

a) 内孔车削 b) 外圆车削

4) 该零件的数控加工程序见表 6-3。

表 6-3 零件数控加工程序及说明

程 序	说 明
O8601;	程序名(端面车削)
G99 T0101 M03 S800;	用 G 指令建立工件坐标系,选用 1 号刀,主轴以 800r/min 正转
G00 X52. Z0. ;	快速定位起刀点
G01 X-0.5 F0.2;	车端面
Z 2. ;	退刀
G00 X100. Z100. ;	至换刀点
(钻中心孔、钻孔)	手动完成
O8602;	程序名(车外圆及内孔)
T0101 M03 S800;	
G00 X44. Z1. ;	快速定位至倒角延长线上(表 6-2 倒角、车外圆图中 A 点)
G01 X48. Z-1. F0.1;	倒角 C1,表 6-2 倒角、车外圆图中 A→B
Z-50. ;	车外圆,表 6-2 倒角、车外圆图中 B→C
X52. ;	退刀,表 6-2 倒角、车外圆图中 C→D
G00 X100. Z100. ;	至换刀点
T0202 S450;	选用 2 号刀,主轴以 450r/min 正转
G00 X22. Z2. ;	快速定位 H 点(表 6-2 中车内孔图)
G90 X23. Z-52. F0.15;	用 G92 循环车内孔,第一次车削
X23.8;	第二次车削
X24. ;	第三次车削
G00 X100. Z100. ;	至换刀点
T0303 S400;	选用 3 号刀,主轴以 400r/min 正转
G00 X52. Z-54. ;	快速定位 M 点(表 6-2 中车断图)
G01 X24. ;	车断
Z-50. ;	退刀
G00 X100. Z100. ;	至换刀点
M05;	主轴停
M30;	主程序结束并返回

图 6-1 零件的加工

任务二 台阶孔的编程与加工

1）工程训练图样如图 6-3 所示。

技术要求

1. 未注公差按 GB/T 1804—m。
2. 倒角全部 C1。
3. 备料：材料接前车直孔零件。

$\sqrt{Ra\ 3.2}$

零件加工成形图

图 6-3 台阶孔车削零件

2）工艺分析。零件的加工工艺分析见表 6-4。

表 6-4 零件的加工工艺分析

项目内容	分析说明
设备选择	FANUC 0i 系统
刀具选择	内孔车刀，刀号 0101（刀柄：S12M-SCLCR06；刀片：CC..060204）
量具选用	1. 游标卡尺（0~125mm） 2. 外径千分尺（25~50mm） 3. 内径量表（或塞规）
切削用量的选用	1. 转速的选择：$n = 450$r/imn 2. 进给量的选用：$f = 0.15$mm/r 3. 背吃刀量的选用：本工件分七次进给完成，前五次每次为 1mm（$a_p = 0.5$mm），第六次为 0.8mm（$a_p = 0.4$mm），最后一刀精车为 0.2mm（$a_p = 0.1$mm）
夹具的选用	本零件采用自定心卡盘直接装夹
坐标原点的选取	该零件的坐标原点应选择在零件右端面与轴线的交点处
加工工步	车端面→车内孔→倒角
编程用功能指令	本例工件只需加工 $\phi 30\text{mm} \times 20\text{mm}$ 的台阶孔，故而编程可采用 G00、G01 指令，也可采用 G90 指令

3）加工工序单与进给路线见表 6-5。

表 6-5 零件加工工序单与进给路线

工步内容	工步简图	刀路分析与基点位置
车端面	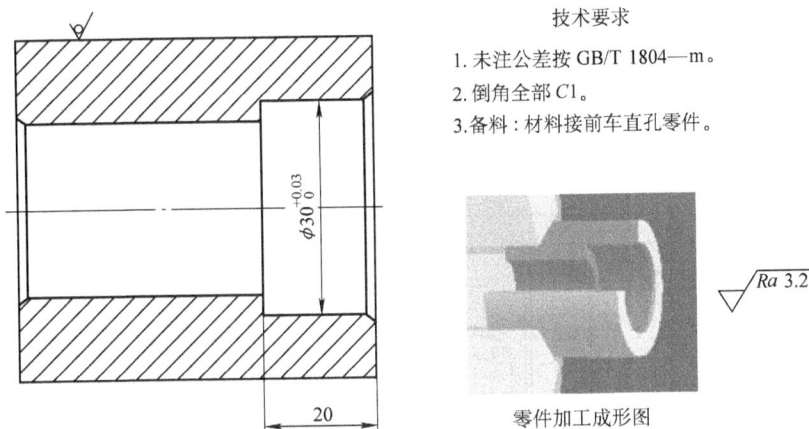	进给路线：快速定位 A 点（22,2）→B 点（22,0）→C 点（49,0），车端面→D 点（49,2），退刀→A 点，返回循环起点

（续）

工步内容	工步简图	刀路分析与基点位置
粗车内孔		G90进给路线：A点→M点(30,2)，进给→N点(30,-20)，车内孔→K点(22,-20)，退刀→A点，回循环点 上述进给路线为一次进给车削完成，工件车削次数按表6-4中切削用量的选用执行
倒角与精车内孔		G01进给路线：A点→E点(36,2)，至倒角延长线上→F点(30,-1)，倒角→G点(30,-20)，精车内孔→H点(22,-20)，退刀→A点

4）该零件的数控加工程序见表6-6。

表6-6 零件数控加工程序及说明

程　　序	说　　明
O8603;	主程序名
G99 T0101 M03 S450;	用G指令建立坐标系，主轴以450r/min正转
G00 X22. Z2.;	快速定位A点
G94 X49. Z0. F0.1;	车端面
G90 X25. Z-20. F0.15;	用G90指令粗车内孔，第一次进刀
X26.;	第二次
X27.;	第三次
X28.;	第四次
X29.;	第五次
X29.8;	第六次
G00 X36.;	至倒角延长线上(E点)
G01 X30. Z-1.;	倒角C1(E→F)
Z-20.;	精车内孔(F→G)
X22.;	退刀(G→H)
G00 Z2.;	至循环点A
G00 X100. Z100.;	至换刀点
M05;	主轴停
M30;	主程序结束并返回

图6-3 零件的加工

任务三　平底孔和内沟槽的编程与加工

1）工程训练图样如图 6-4 所示。

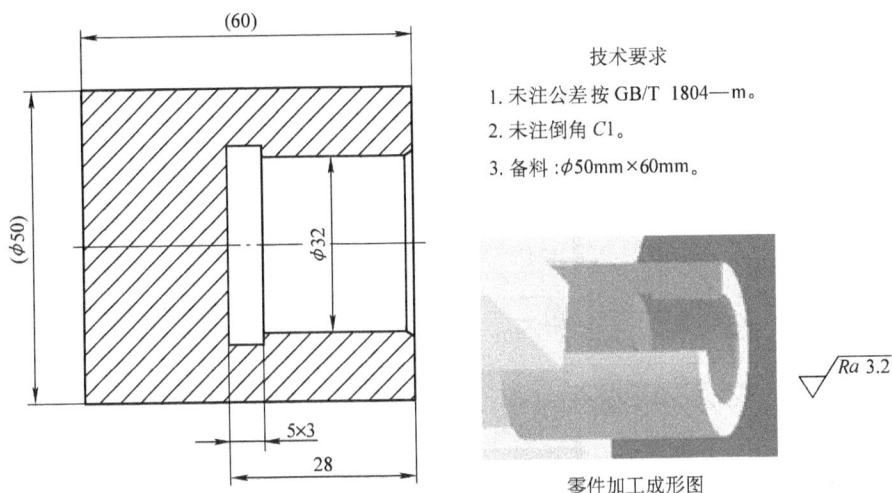

技术要求

1. 未注公差按 GB/T 1804—m。
2. 未注倒角 C1。
3. 备料：$\phi50mm\times60mm$。

零件加工成形图

图 6-4　平底孔与内沟槽加工零件

2）工艺分析。零件的加工工艺分析见表 6-7。

表 6-7　零件的加工工艺分析

项目内容	分析说明
设备选择	FANUC 0i 系统
刀具选择	1. 内孔车刀，刀号 0101（刀柄：S12M-SCLCR06；刀片：CC..060204） 2. 内槽车刀，刀号 0202（刀柄：GRV. RS20M. 20 JC16；刀片：TC16T3 R215-V） 3. A3 中心钻 4. 麻花钻
量具选用	1. 游标卡尺（0~125mm） 2. 内径量表（或塞规） 3. 内沟槽卡尺
切削用量的选用	1. 转速的选择：$n=450r/min$ 2. 背吃刀量的选用：本例先用 $\phi30mm$ 的麻花钻钻底孔，再一次进给车削完成，即 $a_p=1mm$ 3. 进给量的选用：$f=0.15mm/r$
夹具的选用	本零件采用自定心卡盘直接装夹
坐标原点的选取	该零件的坐标原点应选择在零件右端面与轴线的交点处
加工工步	钻底孔 $\phi30mm$→倒角并车内孔长 28mm→车内沟槽
编程用功能指令	编程采用 G00、G01 指令

3）加工工序单与进给路线见表 6-8。

4）该零件的数控加工程序见表 6-9。

表 6-8　零件加工工序单与进给路线

工步内容	工步简图	刀路分析与基点位置
钻底孔	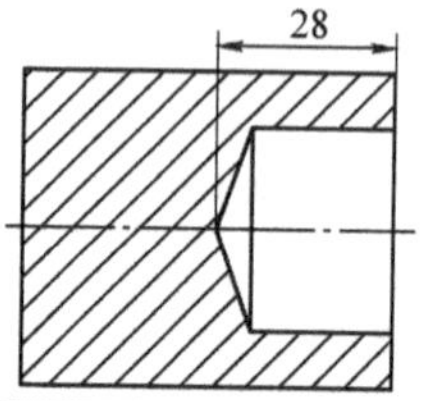	车端面→钻中心孔→钻 $\phi30mm$ 底孔
车平底孔	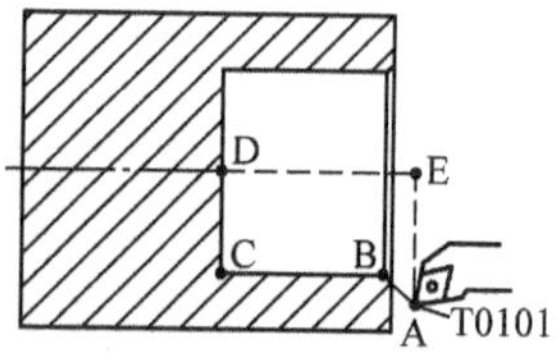	进给路线:快速定位 A 点(36,2)→B 点(30,-1),倒角 C1→C 点(30,-28),车内孔→D 点(0,-28),车平孔底面→E 点(0,2)
车内沟槽	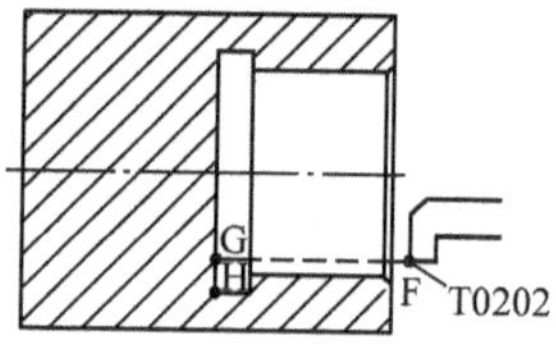	进给路线:快速定位 F 点(22,2)→G 点(22,-28),至沟槽切削处→H 点(36,-28)→G 点,退刀→F 点,至换刀点

表 6-9　零件数控加工程序及说明

程　序	说　明
O8604;	主程序名
G99 T0101 M03 S450;	用 G 指令建立坐标系,主轴以 450r/min 正转
G00 X36. Z2.;	快速定位(A 点)(表 6-8 中车平底孔图)
G01 X30. Z-1. F0.15;	倒角 C1(A→B)
Z-28.;	车内孔(B→C)
X0.;	车平孔底面(C→D)
G00 Z2.;	Z 向退刀(D→E)
X100. Z100.;	至换刀点
T0202;	选用 2 号刀
G00 X22. Z2.;	快速定位(F 点)(表 6-8 中车内沟槽图)
Z-28.;	至 G 点(车槽起刀点)
G01 X36.;	车沟槽(G→H)
X25.;	退刀
G00 Z2.;	
X100. Z100.;	至换刀点
M05;	主轴停
M30;	主程序结束并返回

图 6-4　零件的加工

任务四　平面直槽的编程与加工

平面直槽一般用于减轻工件的重量、减少工件接触面,或用作油槽。T 形槽、燕尾槽常作连接之用。平面直槽的形式有很多,其种类如图 6-5 所示。

直槽　圆弧槽　T形槽　燕尾槽

a)

b)

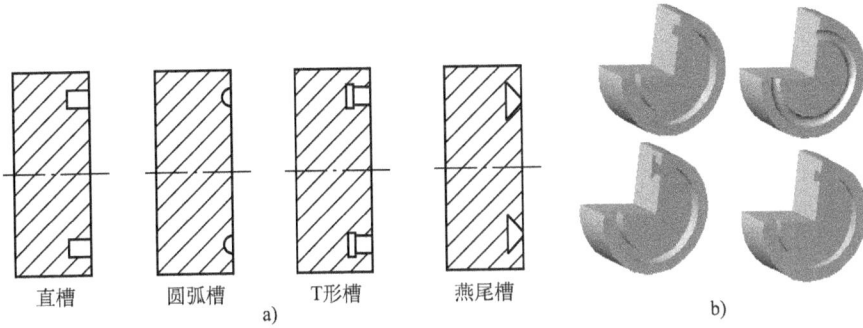

图 6-5　平面直槽的种类

a）结构图　b）立体图

1）工程训练图样如图 6-6 所示。

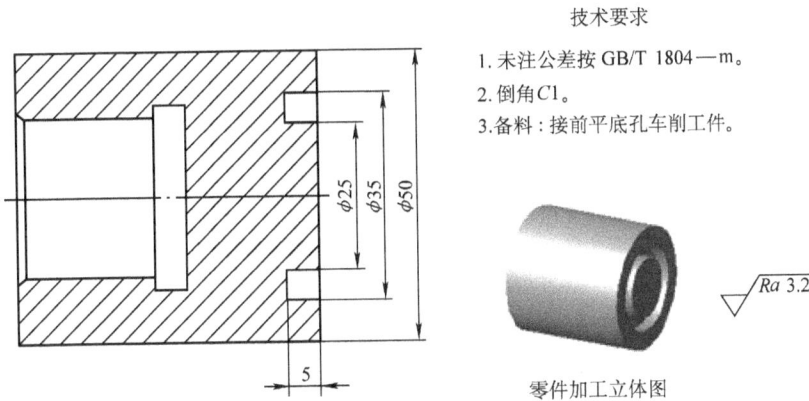

技术要求

1. 未注公差按 GB/T 1804—m。
2. 倒角 C1。
3. 备料：接前平底孔车削工件。

$\phi25$　$\phi35$　$\phi50$

5

零件加工立体图

$\sqrt{Ra\ 3.2}$

图 6-6　平面直槽加工零件

2）工艺分析。零件的加工工艺分析见表 6-10。

表 6-10　零件的加工工艺分析

项目内容	分析说明
设备选择	FANUC 0i 系统
刀具选择	平面车槽刀：刀号 0101，刀头宽 3mm（刀柄：RF123H13-2020B；刀片：N123H2-0400-003-GM）
量具选用	1. 游标卡尺（0~125mm） 2. 内径量表（或塞规） 3. 内沟槽卡尺（游标深度卡尺）
切削用量的选用	1. 转速的选择：$n=700\text{r/min}$ 2. 背吃刀量的选择：等于刀头宽度（5mm） 3. 进给量的选用：$f=0.15\sim0.2\text{mm/r}$
夹具的选用	本零件采用自定心卡盘直接装夹
坐标原点的选取	该零件的坐标原点应选择在零件右端面与轴线的交点处
加工工步	直接进给车削
编程用功能指令	编程采用 G74 指令

3）G74功能指令的编程格式与要点说明见表6-11。

表6-11　G74功能指令的编程格式与要点说明

功能指令代码	G74
格式	G74R（e）； G74X（U）_Z（W）_P（Δi）Q（Δk）R（Δd）F（f）；
进给路线	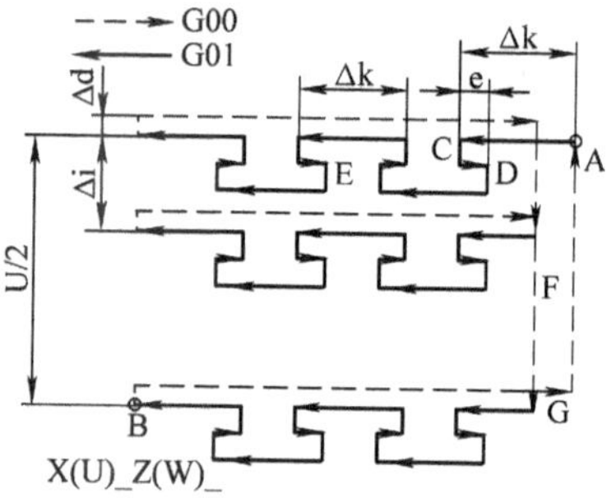
参数说明	该指令可实现断续加工端面槽,如果X（U）和P（Δi）都被忽略,可实现Z向钻孔 e为回退量,该值是模态值,可由5139号参数指定,由程序指令改变;X（U）、Z（W）为终点B的坐标;Δi为X方向移动量（不带符号）;Δk为Z方向切深（不带符号）;Δd为刀具在切削底部时的退刀量,Δd的符号总是为"+",但是如果地址X（U）和Δi被忽略,退刀方向可以指定为希望的符号;f为进给量

4）加工工序单与进给路线。该零件只加工平面直槽,其加工情况见表6-12。

表6-12　零件加工工序单与进给路线

工步内容	工步简图	刀路分析与基点位置
粗车平面直槽	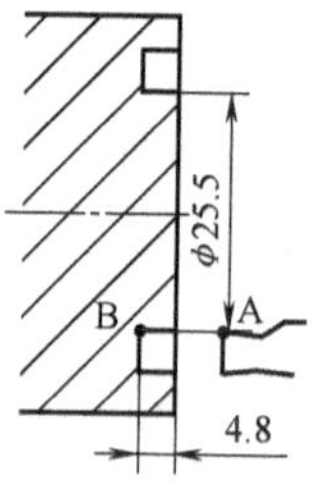	平面车槽刀以右侧刀尖对刀,其进给路线为:快速定位A点（25.5,2）→B点（25.5,-4.8）车平面直槽→A点,退刀
精车平面直槽	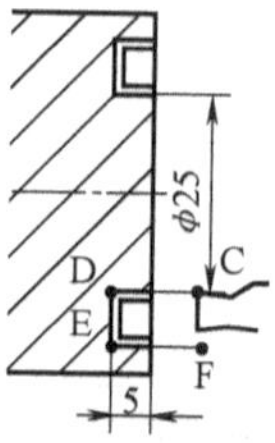	进给路线:快速定位C点（25,2）→D点（25,-5）,精车平面直槽右侧→E点（29,-5）,车底平面→F点（29,2）,精车平面直槽左侧

5）该零件的数控加工程序见表6-13。

表 6-13　零件数控加工程序及说明

程　序	说　明
O8605;	主程序名
G99 T0101 M03 S700;	主轴以 700r/min 正转
G00 X52. Z2. ;	快速定位
X25.5;	至粗车循环点
G74 R0.5;	循环粗车平面槽
G74 X25.5 Z-4.8 P1400 Q2000 F0.2;	
G00 X25. ;	精车平面槽
G01 Z-5. F0.15;	
G00 Z2. ;	
X29. ;	
G01 Z-5. ;	
G00 Z2. ;	
X100. Z100. ;	
M05;	主轴停
M30;	主程序结束并返回

任务五　内锥孔的编程与加工

1）工程训练图样如图 6-7 所示。

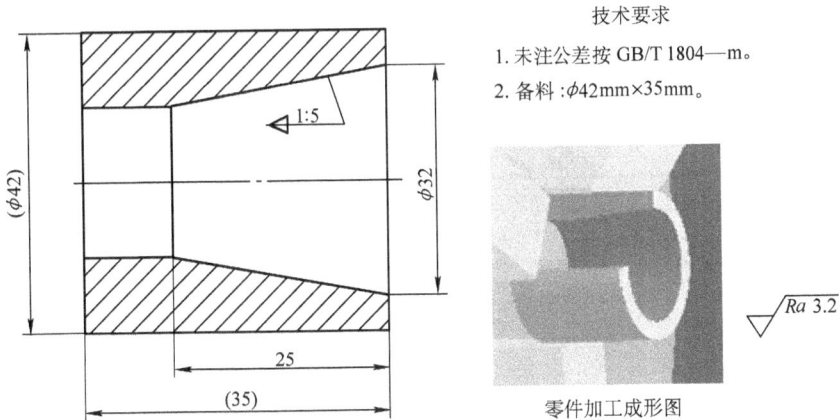

技术要求

1. 未注公差按 GB/T 1804—m。

2. 备料：ϕ42mm×35mm。

$\sqrt{Ra\ 3.2}$

零件加工成形图

图 6-7　内锥孔加工零件

2）工艺分析。零件的加工工艺分析见表 6-14。

3）加工工序单与进给路线见表 6-15。

4）该零件的数控加工程序见表 6-16。

该零件还可用 G71 循环指令编程，其程序及说明见表 6-17。

表 6-14　零件的加工工艺分析

项目内容	分析说明
设备选择	FANUC 0i 系统
刀具选择	1. 内孔车刀,刀号 0101(刀柄:S12M-SCLCR06;刀片:CC..060204) 2. 内孔车刀,刀号 0202(刀柄:S25T-DUCR11;刀片:DCMT113-PF) 3. A3 中心钻 4. $\phi25$mm 麻花钻
量具选用	1. 游标卡尺(0~125mm) 2. 锥度检验专用塞规
切削用量的选用	1. 转速的选择:$n = 700$r/min 2. 背吃刀量的选用:$a_p \leqslant 0.5$mm 3. 进给量的选用:$f = 0.15$mm/r
夹具的选用	本零件采用自定心卡盘直接装夹
坐标原点的选取	该零件的坐标原点应选择在零件右端面与轴线的交点处
加工工步	钻孔→车直孔→车内锥
编程用功能指令	编程采用 G00、G01、G90 指令或 G71 指令

表 6-15　零件加工工序单与进给路线

工步内容	工步简图	刀路分析与基点位置
钻底孔		为保证圆锥加工的精度,钻孔应留有 1~2mm 的余量(即 $\phi25$mm)
车孔(小端直径)		进给路线:快速定位 A 点(23,2)→B 点(27,2),进给→C 点(27,-35),车内孔→D 点(23,-35),退刀→A 点,返回循环起点 内孔的车削分两次进给完成,第一次切削 1.6mm ($a_p = 0.8$mm);第二次切削 0.4mm($a_p = 0.2$mm)
车内锥面		进给路线:快速定位 N 点(27,5),循环起点→E 点(29,5),第一次车削进给→T 点(27,-5),第一次车削,内锥→N 点,返回循环起点→F 点(30,5),第二次进给→P 点(27,-10),第二次车削→N 点,返回循环起点→G 点(31,5),第三次进给→Q 点(27,-15),第三次车削→N 点,返回→H 点(32,5),第四次进给→W 点(27,-20),第四次车削→N 点,返回→K 点(33,5),第五次进给→S 点(27,-25),第五次车削→N 点,返回循环起点 I 值计算:第一次 $\dfrac{29-27}{2}$mm = 1mm;第二次 $\dfrac{30-27}{2}$mm = 1.5mm;第三次 $\dfrac{31-27}{2}$mm = 2mm;第四次 $\dfrac{32-27}{2}$mm = 2.5mm;第五次 $\dfrac{33-27}{2}$mm = 3mm

表 6-16 零件数控加工程序及说明

程 序	说 明	
O8606;	主程序名	
G99 T0101;	建立工件坐标系,选用 1 号刀	
G00 X23. Z2. M03 S700;	到循环起点,主轴以 700r/min 正转	
G90 X26.6 Z-35. F0.15;	内孔车削循环	
X27.;		
G00 X100. Z100.;	至换刀点	
T0202;	选用 2 号刀	
G00 X27. Z5.;	至循环点	
G90 X27. Z-5. R1;	车削内锥面,第一次车削	
Z-10. R1.5;	第二次车削	
Z-15. R2;	第三次车削	
Z-20. R2.5;	第四次车削	
Z-25. R3.;	第五次车削	
G00 X100. Z100.;	至换刀点	
M05;	主轴停	
M30;	主程序结束并返回	图 6-7 零件的加工

表 6-17 内锥孔零件用 G71 指令编程的程序及说明

程 序	说 明
O8607;	主程序名
G99 T0101 M03 S700;	主轴以 700r/min 正转
G00 X23. Z5.;	至循环点
G71 U1. R2.;	用 G71 指令精车各表面
G71 P10 Q60 U-0.5 W0.1 F0.15;	
N10 G00 X27.;	进给
G01 Z-35. F0.15;	车 $\phi27$mm 内孔
X23.;	退刀
G00 Z5.;	至循环点
X33.;	进给
G01 X27. Z-25.;	车内锥面
N60 G01 X23.;	退刀
G00 X5.;	至循环点
X100. Z100.;	至换刀点
T0202;	选用 2 号刀
G00 X23. Z5.;	至循环点
G70 P10 Q60;	用 G70 指令精车各表面
G00 X100. Z100.;	至换刀点
M05;	主轴停
M30;	主程序结束并返回

任务六 内螺纹的编程与加工

1）工程训练图样如图6-8所示。

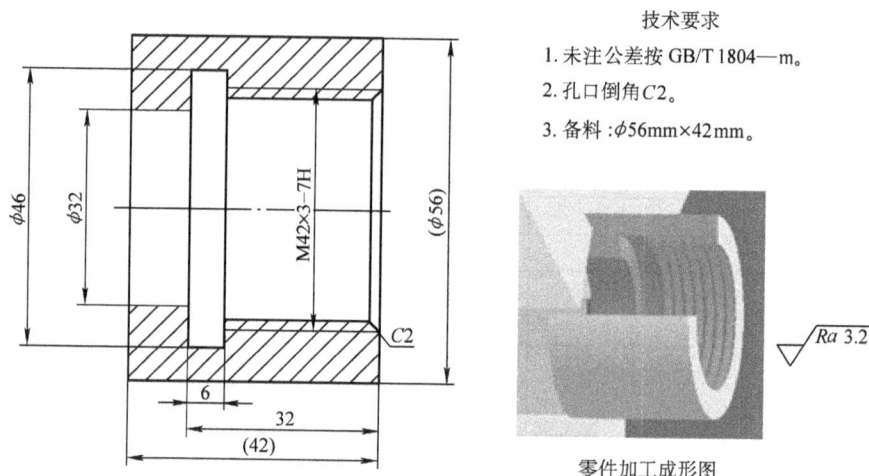

技术要求

1. 未注公差按GB/T 1804—m。
2. 孔口倒角C2。
3. 备料：$\phi56mm×42mm$。

零件加工成形图

图6-8 内螺纹加工零件

2）工艺分析。零件的加工工艺分析见表6-18。

表6-18 零件的加工工艺分析

项目内容	分析说明
设备选择	FANUC 0i 系统
刀具选择	1. 93°内孔车刀，刀号0101（刀柄：S12M-SCLCR06；刀片：CC..060204） 2. 内槽车刀，刀头宽3mm，刀号0202（刀柄：GRV.RS20M.20 JC16；刀片：TC16T3 R215-V） 3. 内螺纹车刀，刀号0303（刀柄：SNR 0016M16；刀片：16NR.200ISOEC1030） 4. $\phi30mm$麻花钻
量具选用	1. 游标卡尺（0~125mm） 2. M42螺纹塞规 3. 内沟槽卡尺
切削用量的选用	1. 转速的选择：$n=450r/min$ 2. 背吃刀量的选用：$\phi32mm$孔径一次车削完成（$a_p=1mm$）；内沟槽背吃刀量等于刀头宽度，分两次进给完成；螺纹小径的车削分五次进给完成 3. 进给量的选用：$f=0.15mm/r$；车螺纹时螺距为3mm
夹具的选用	本零件采用自定心卡盘直接装夹
坐标原点的选取	该零件的坐标原点应选择在零件右端面与轴线的交点处
加工工步	钻孔→车内孔→车内沟槽→车螺纹
编程用功能指令	编程采用G00、G01、G90、G75、G76指令

车螺纹时由于切屑的挤压作用，内孔直径会缩小（塑性金属较明显），所以车螺纹前孔径要略大于螺纹小径的基本尺寸，一般可按下式计算

车削塑性金属时：$d_孔=d-P$

车削脆性金属时：$d_{孔}=d-1.05P$

式中　d——螺纹大径（mm）；

P——螺距（mm）。

本例中车螺纹前的孔径 $d_{孔}=d-P=42mm-3mm=39mm$。

3）G75 功能指令的编程格式与要点说明见表 6-19。

表 6-19　G75 功能指令的编程格式与要点说明

功能指令代码	G75
格式	G75R（e）； G75X（U）＿ Z（W）＿ P（Δi）Q（Δk）R（Δd）F（f）；
进给路线	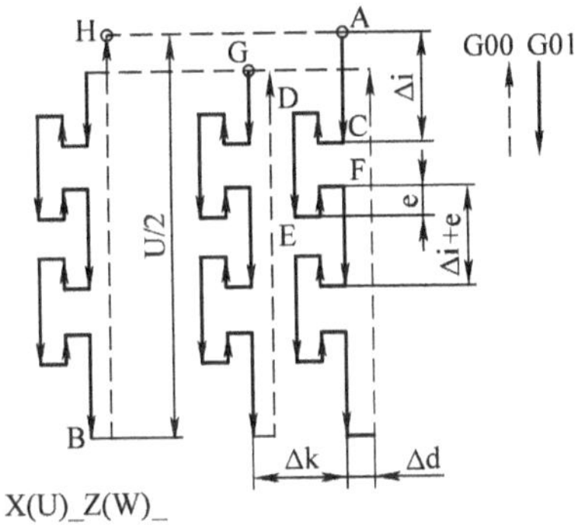
参数说明	e 为回退量，其值应注于 Δi；X（U）、Z（W）为终点坐标，Z（W）省略或为 0 时仅作 X 向进给，Z 向不偏移；Δi 为 X 方向的切深量，其值应小于 U/2，无符号；Δk 为 Z 方向的移动量；Δd 为刀具在槽底的退刀量，无要求时可省略；f 为进给量 该加工循环指令可实现 X 轴向切槽，X 轴向排屑钻孔（此时，忽略 Z、W 和 Q）

4）加工工序单与进给路线见表 6-20。

表 6-20　零件加工工序单与进给路线

工步内容	工步简图	刀路分析与基点位置
钻孔	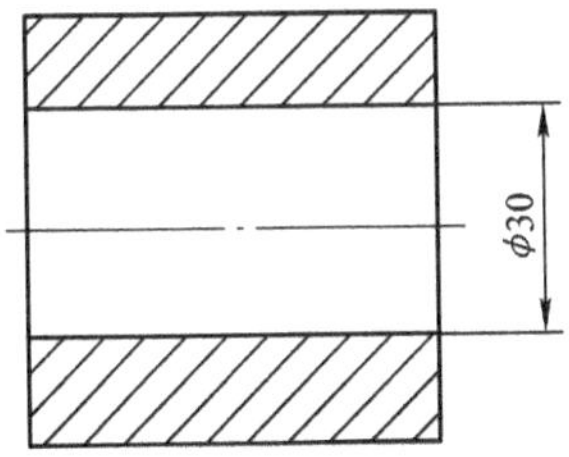	用 φ30mm 的麻花钻钻孔
车直孔与螺纹孔	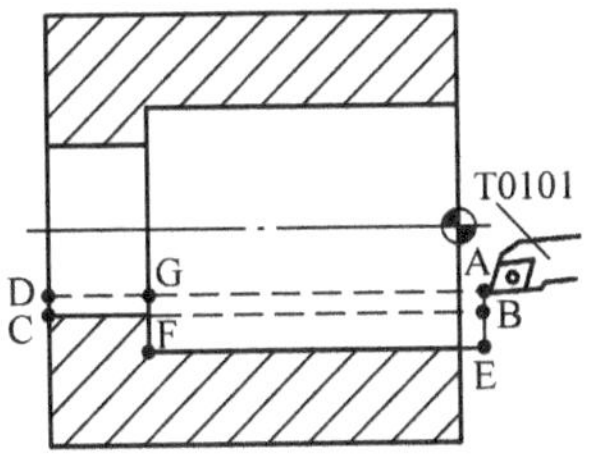	用 1 号刀车孔，进给路线：快速定位循环点 A（28,2）→B 点（30,2），进给→C 点（30,-42），车削 φ30mm 孔径→D 点（28,-42），退刀→A 点，返回循环起点→E 点（39,2），进给→F 点（39,-32），车螺纹孔→G 点（28,-32），退刀→A 点，返回循环点 螺纹孔分五次进给完成：前三刀每次 2mm，第四刀 0.8mm，第五刀 0.2mm

（续）

工步内容	工步简图	刀路分析与基点位置
车内沟槽		用2号刀,路线:快速定位R点(28,3)→H点(28,-26.1),进给,槽右侧面留0.1mm精车余量→K点(45.8,-26.1),车槽,槽底留0.2mm的精车余量→H点,退刀→N点(28,-31.9),进给循环,槽左侧面留0.1mm精车余量→M点(45.8,-31.9),车槽→N点,退刀→P点(28,-26),准备精车槽侧→S点(46,-26),精车槽右侧→T点(46,-32),精车槽底→Q点(28,-42)精车槽左侧→R点,退刀
车内螺纹		用3号刀,路线:快速定位U点(35,3)→L点(42,3)进给→J点(42,-29),车螺纹→Y点(35,-29),退刀→U点,返回循环点 U→L→Y→J过程不可一次进给车削完成,其每次背吃刀量由G76指令自动分配

5）该零件的数控加工程序见表6-21。

表6-21　零件数控加工程序及说明

程　序	说　明
O8608;	主程序名
G98 T0101;	选用1号刀
G00 X28. Z2. M03 S450;	到粗车起点,主轴以450r/min正转
G90 X32. Z-42. F0.15;	车φ30mm内孔
X34. Z-32.;	车螺纹孔
X36.;	
X38.;	
X38.8;	
X39.;	
G00 X100. Z100.;	
T0202;	换2号刀
G00 X28. Z3.;	
Z-26.;	
G75 R0.5;	车内沟槽
G75 X46. Z-29. P1500 Q2000 F300;	
G00 Z100.;	
X100.;	
T0303;	换3号刀
G00 X35. Z3.;	

（续）

程　序	说　明	
G76 P0506 Q50 R0.1； G76 X42. Z-29. P1623 Q400 F3；	车螺纹	
G00 X100. Z100. ；	回换刀点	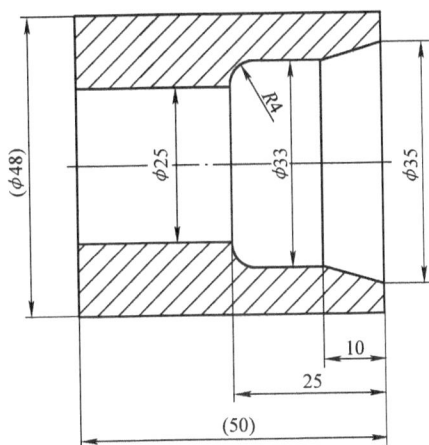
M05；	主轴停	
M30；	主程序结束并返回	图 6-8　零件的加工

任务七　套类零件综合加工实例

1）工程实例一，图样如图 6-9 所示。

技术要求
1. 未注公差按 GB/T 1804—m。
2. 备料：ϕ48mm×50mm。

零件加工成形图

$\sqrt{Ra\ 3.2}$

图 6-9　套类零件综合加工图一

① 工艺分析。零件的加工工艺分析见表 6-22。

表 6-22　零件的加工工艺分析

项 目 内 容	分 析 说 明
设备选择	FANUC 0i 系统
刀具选择	1. 内孔车刀，刀号 0101（刀柄：S12M-SCLCR06；刀片：CC..060204） 2. 内孔车刀，刀号 0202（刀柄：S25T-DUCR11；刀片：DCMT113-PF） 3. ϕ22mm 麻花钻
量具选用	1. 游标卡尺（0~125mm） 2. 内径量表（或塞规）
切削用量的选用	1. 转速的选择：$n=700$r/min 2. 背吃刀量的选用：精车余量 0.2mm 3. 进给量的选用：$f=0.15$mm/r
夹具的选用	本零件采用自定心卡盘直接装夹
坐标原点的选取	该零件的坐标原点应选择在零件右端面与轴线的交点处
加工工步	钻孔→车 ϕ25mm 内孔→车 ϕ33mm 内孔及 R4mm 内圆弧→车斜面→精加工各内形表面
编程用功能指令	编程采用 G00、G01、G03、G71、G70 指令

145

② 加工工序单与进给路线见表 6-23。

表 6-23　零件加工工序单与进给路线

工步内容	工步简图	刀路分析与基点位置
钻孔		用 φ22mm 的麻花钻钻孔
用 G71 指令车各表面		精车进给:快速定位 F 点(35.4,2)→G 点(33,-10),车斜面→H 点(33,-21),车 φ33mm 台阶孔→K 点(25,-25),车 R4mm 内圆弧→N 点(25,-50),车 φ25mm 内孔

③ 该零件的数控加工程序见表 6-24。

表 6-24　零件数控加工程序及说明

程　　　序	说　　　明	
O8609;	主程序名	
G99 T0101 M03 S700;	用 G 指令建立工件坐标系,选用 1 号刀,主轴以 700r/min 正转	
G00 X22. Z2.;	快速定位循环点	
G71 U1. R0.2;		
G71 P10 Q50 U0.2 W0.1 F0.15;		
N10 G00 X35.4;		
G01 X33. Z-10. F0.1;		
Z-21.;	G71 粗车循环:从右至左加工各内表面	
G03 X25. Z-25. R4.;		
G01 Z-52.;		
N50 X22.;		
G00 Z2.;	至循环点	
G00 X100. Z100.;	至换刀点	
T0202;	换 2 号刀	
G00 X22. Z2.;	至循环点	
G70 P10 Q50;	精车各内表面	
G00 X100. Z100.;	至换刀点	
M05;	主轴停	
M30;	主程序结束并返回	图 6-9　零件的加工

2）工程实例二，图样如图 6-10 所示。

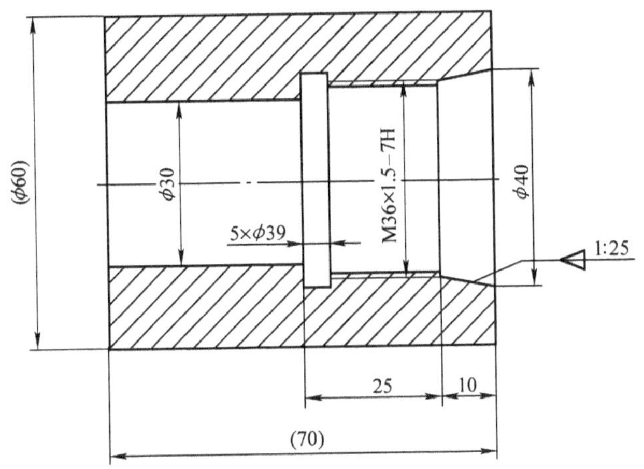

技术要求

1. 未注公差按 GB/T 1804—m。
2. 备料：ϕ60mm×70mm（ϕ28mm 孔已加工好）。

零件加工成形图

$\sqrt{Ra\ 3.2}$

图 6-10 套类零件综合加工图二

① 工艺分析。零件的加工工艺分析见表 6-25。

表 6-25 零件的加工工艺分析

项目内容	分 析 说 明
设备选择	FANUC 0i 系统
刀具选择	1. 内孔车刀，刀号 0101（刀柄：S12M-SCLCR06；刀片：CC..060204） 2. 内槽车刀，刀头宽 5mm，刀号 0202（刀柄：GRV. RS20M. 20 JC16；刀片：TC16T3 R215-V） 3. 内螺纹车刀，刀号 0303（刀柄：SNR 0016M16；刀片：16NR. 200ISOEC1030）
量具选用	1. 游标卡尺（0~125mm） 2. 内径量表（或塞规） 3. 内沟槽卡尺
切削用量的选用	1. 转速的选择：$n = 500$r/min 2. 背吃刀量的选用：内孔精加工余量为 0.2mm，螺纹分四次进给完成，第一次 0.6mm；第二次 0.4mm；第三次 0.4mm；第四次精车 0.1mm 3. 进给量的选用：$f = 0.12 \sim 0.2$mm/r
夹具的选用	本零件采用自定心卡盘直接装夹
坐标原点的选取	该零件的坐标原点应选择在零件右端面与轴线的交点处
加工工步	车右端面→用 G71 循环指令车削各内表面（粗车内锥→车 M36×1.5mm 螺纹孔→车 ϕ30mm 内孔→车内沟槽→精车各孔径→车 M36×1.5mm 螺纹）
编程用功能指令	编程采用 G00、G01、G71、G92 指令
内螺纹底径的计算	$D_1 = D - P = 36$mm $- 1.5$mm $= 34.5$mm

② 加工工序单与进给路线见表 6-26。

③ 该零件的数控加工程序见表 6-27。

147

表 6-26　零件加工工序单与进给路线

工步内容	工步简图	刀路分析与基点位置
车右端面		进给路线:快速定位 A 点(25,2)→B 点(25,0),进给→C 点(61,0),车右端面→D 点(61,2),退刀
粗车内锥、螺纹孔和 $\phi30mm$ 内孔		G71 粗车进给路线:快速定位 A 点(循环点)→E 点(40.4,2),至斜面延长线上→F 点(36,-10)→G 点(34.5,-10),进至螺纹底径处→H 点(34.5,-35)→K 点(30,-35),车台阶面至 $\phi30mm$ 孔径处→P 点(30,-70),车 $\phi30$ 内孔→J 点(25,-70),退刀→A 点,返回循环点
车内沟槽		进给路线:快速定位 A 点(25,2)→S 点(25,-35),进给→R 点(39,-35),车内沟槽→S 点,退刀→A 点,返回起点
车螺纹		G92 指令车螺纹进给路线:快速定位循环起点 U(25,5)→M 点(36,5),进给→Y 点(36,-32),车螺纹→T 点(25,-33),退刀→U 点,返回循环点 螺纹加工不可一次进给完成,分四次进给,每次的切削用量见表 6-25 中切削用量的选用

表 6-27　零件数控加工程序及说明

程　序	说　明
O8610;	主程序名
G99 M03 S500 T0101;	用 1 号刀,主轴以 500r/min 正转
G00 X25. Z2.;	快速定位,准备车端面
Z 0.;	进给
G01 X61. F0.12;	车端面
Z 2.;	退刀
G00 X25.;	至起刀点
G71 U1.5 R1.;	粗车各相关表面

148

（续）

程　序	说　明
G71 P15 Q100 U0.2 W0.1 F0.2；	
N15 G00 G41 X40.4；	至斜面延长线上（E 点）（表 6-26 中粗车内锥、螺纹孔和 φ30mm 内孔图）
G01 X36. Z-10. F0.15；	车斜面（E→F）
X34.5；	至螺纹底径（F→G）
Z-35.；	车螺纹底径（G→H）
X30.；	车内台阶面（H→K）
Z-70.；	车 φ30mm 内孔（K→P）
N100 G01 X25.；	退刀（P→J）
G00 Z2.；	至循环点
G00 X150. Z150.；	至换刀点
T0202；	选用 2 号刀
G00 X25. Z2.；	快速定位
Z-35.；	进给（S 点）（表 6-26 中车内沟槽图）
G01 X39.；	车沟槽（S→R）
G04 P2；	暂停
G01 X25.；	退刀
G00 Z2.；	至起刀点
X150. Z150.；	至换刀点
T0303；	选用 3 号刀
G00 X25. Z5.；	快速定位（U 点）
G92 X35.1 Z-32. F1.5 M08；	第一次进给，切削液开
X35.5；	第二次进给
X35.9；	第三次进给
X36.；	第四次进给
G00 X150. Z150. M09；	至换刀点，切削液关
M05；	主轴停
M30；	主程序结束并返回

图 6-10 零件的加工

任务八　加工质量分析

孔加工过程中，同一工件如果具有不同的孔径，尺寸偏差的不同往往造成某个直径超差，普通车床加工是通过试切法加以补偿的，而数控车床一般使用同一把刀具连续地加工整个内径，各个直径上的偏差理论上虽然相同，但实际加工出来的各个直径偏差往往会不同，造成某个尺寸超差，从而无法通过刀补使所有尺寸合格，从而产生废品。这种误差主要是受工艺、切削热、操作方法、刀具、编程等因素影响的。

（1）**工艺因素**　孔的各段直径不同，造成刀具在切削不同段时的受力不同，从而各直径的偏差不同。设留量最大的内径余量为 t_1，留量最小的内径余量为 t_2，则数控车削中加工

余量的不均匀误差为 Δ_0 可按下式计算

$$\Delta_0 = t_1 - t_2$$

车外圆时，工艺系统在垂直方向切削力作用下引起的变形对工件加工精度影响不大，而在径向切削力作用下的变形对工件加工精度的影响最大，所以可以忽略垂直方向的切削力，只考虑径向切削力作用下的变形。

刀尖对工件加工表面的相对位移 Y 为

$$Y = \frac{P_y}{K}$$

式中　P_y——径向切削力（N）；

　　　K——工艺系统刚性（N/mm）。

从而可以计算数控车削中加工余量误差 Δ 为

$$\Delta = t_1 - t_2 = \frac{P_{y1} - P_{y2}}{K} = \frac{ct_1 - ct_2}{K} = \frac{c\Delta_0}{K}$$

式中　c——径向切削力系数。

针对以上误差分析，在数控加工编程时，应考虑其自动加工的特点，尽可能使各段内径的余量一致。

（2）**切削热因素**　当加工余量过大时，刀具的高速、连续切削使工件散热慢，虽然各段直径的偏差相同，但降至常温后，不同直径段的收缩情况不同，从而导致不同的误差 Δ，且有

$$\Delta = \alpha(D_1 - D_2)\Delta_T$$

式中　α——工件材料的线胀系数；

　　　Δ_T——降低的温度（℃）；

　　　D_1——最小段孔径（mm）；

　　　D_2——最大段孔径（mm）。

这方面的误差因素可以通过切削液来消除，同时编程时要适当提高切削速度和进给量，另外，编程时也要考虑数控车床连续加工的特点，留出合理的加工余量。

（3）**操作方法因素**　当刀具装夹不正确（如刀尖与主轴旋转中心不等高）时，这方面的误差也会出现在阶梯内孔或直径较小的零件中。

如果是这方面的原因造成的直径误差不同，且零件直径较大，在精度要求不高时，可重新调刀，使刀具刀尖的位置尽量和主轴旋转中心线保持一致。

（4）**刀具因素**　刀具的磨损是造成加工误差的一个重要因素，这种现象一般表现为刀具 初期磨损阶段（切削路径大约为1000m）和剧烈磨损阶段。只要加工技术人员在装夹刀具前认真用油石修磨刀具，并及时更换不能修复的刀具就可避免此误差。

（5）**编制程序因素**　程序编制得不当也是造成加工误差的一个因素，例如在加工阶梯内孔精度不同的工件时，就应考虑此时很难调得准确的刀尖高度，此时可以采用一把刀用几组刀补的方法进行编程。除此之外，还应考虑反向间隙补偿值是否正确等因素。在实际加工

中，往往还可能出现螺纹加工的缺陷，可在编程时加上 G04 延时指令来消除。

另外，在加工小孔零件时，由于车刀刀杆较细，受力后容易变形或让刀，在径向和垂直方向变形都较大。加工事实表明，如果径向余量相同，径向力就基本相同，刀杆变形也基本相同，不会对工件造成太大的误差。在编程时，一般首先考虑采用一把刀具几组刀补的方法来编写程序，另外要尽量选用较短的内孔车刀，以提高刀杆的刚性。

孔加工质量分析可总结为表 6-28。

表 6-28　孔加工质量分析

问题现象	产生原因	预防方法
切削过程出现干涉现象	1. 刀具参数不正确 2. 刀具装夹不正确	1. 正确设置刀具参数 2. 正确装夹刀具
圆弧凹凸方向不对	程序不正确	正确编写程序

训练拓展

能力训练

1. 编制图 6-11 所示零件的数控加工程序。

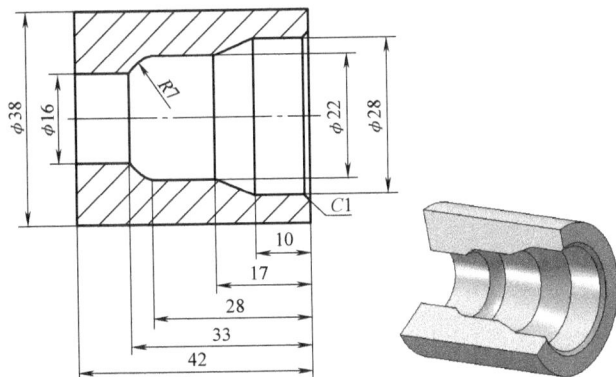

图 6-11　能力训练图样七

2. 编制图 6-12 所示零件的数控加工程序，并上机操作，完成该零件的车削加工。

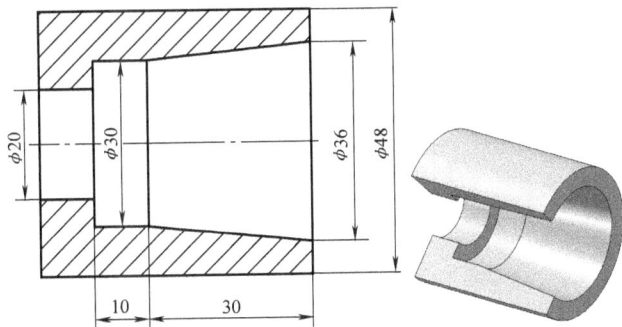

图 6-12　能力训练图样八

3. 编制图 6-13 所示零件的数控加工程序。

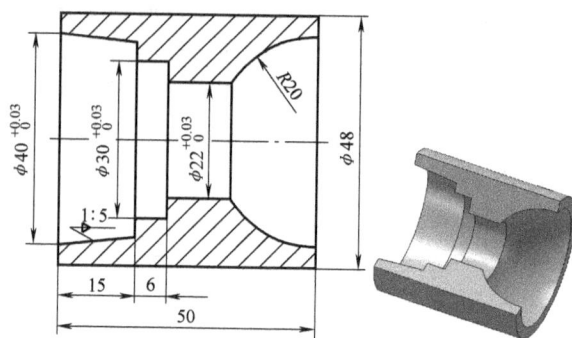

图 6-13 能力训练图样九

项目三

复杂零件的车削

项目导读

　　复杂零件的数控车削往往要求较高的尺寸精度，且工艺繁多，零件外表起伏变化大，因此合理选择加工工艺、刀具、夹具，编制精确的加工程序，是保证零件加工质量的前提。

学习目标

知识目标

1）能进行复杂零件的加工程序编制与加工。

2）了解子程序和宏指令、宏程序的基本概念。

3）对零件进行加工质量分析，掌握影响加工质量的原因及预防措施。

能力目标

1）掌握子程序和宏程序的编程格式与要点。

2）完成能力训练图样十～十二（图7-14～图7-16）零件加工程序的编制，并完成能力训练图样十（图7-14）的上机加工操作。

3）正确执行安全技术操作规程。

4）能按企业有关文明生产的规定，做到工作场地整洁，工件、工量具摆放整齐。

学习方式与评价

1）以实训操作为主进行讲解。

2）分工合作。根据小组成员分工的明确性、任务分配的合理性以及小组分工的职责明细表进行量化评价。

3）基本知识分析讨论。根据小组讨论的热烈度、概念的准确性、逻辑性做出量化评价。

4）成果展示。根据学生对模块任务要求的理解，完成能力训练任务的情况进行全面量化评价。

学习内容

任务一　　复杂零件的车削加工编程

（1）**工程实例一**

1）工程图样如图7-1所示。

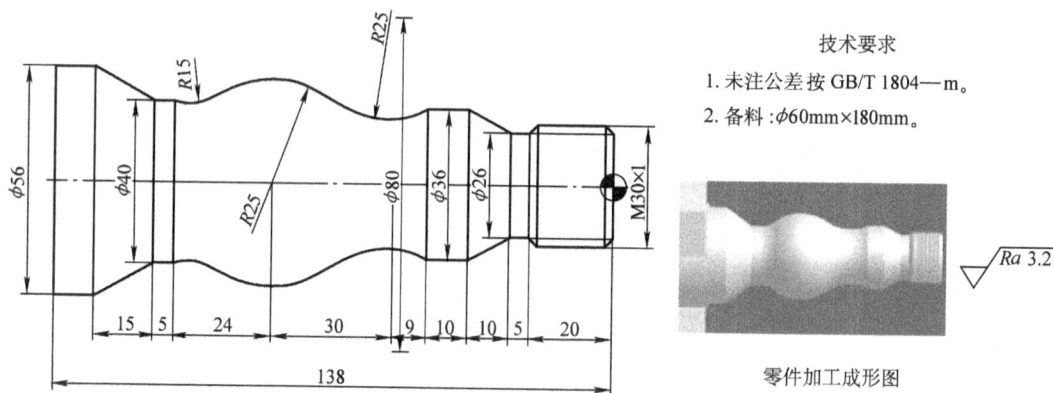

技术要求

1. 未注公差按 GB/T 1804—m。

2. 备料：ϕ60mm×180mm。

零件加工成形图

图 7-1　复杂零件一加工图

2）工艺分析。零件的加工工艺分析见表 7-1。

表 7-1　零件的加工工艺分析

项目内容	分析说明
设备选择	FANUC 0i 系统
刀具选择	1. 93°机夹尖车刀（刀尖角 35°），刀号 T0101（刀柄：SVICR2020K11；刀片：VC..110304） 2. 外螺纹车刀（刀尖角 60°），刀号 0202（刀柄：SER2020K16T；刀片：16ER2.00ISOEC1030） 3. A3 中心钻
量具选用	1. 游标卡尺（0~125mm） 2. 外径千分尺（25~50mm） 3. 半径样板 4. 螺纹千分尺（螺纹环规）
切削用量的选用	1. 转速的选择：车外圆时 $n=750$r/min；车槽和车螺纹时 $n=400$r/min 2. 背吃刀量的选用：外圆精加工余量 0.4mm；螺纹车削时分三刀进给完成：第一刀 0.7mm；第二刀 0.3mm；第三刀 0.08mm 3. 进给量的选用：$f=0.1~0.2$mm/r
夹具的选用	本零件采用一夹一顶装夹（自定心卡盘、顶尖）
坐标原点的选取	本零件的坐标原点应选择在零件右端面与轴线的交点处
加工工步	车右端面→用 G71 循环指令车削各表面（车 M30×1mm 螺纹大径→车 ϕ26mm 槽底→车斜面→车 ϕ36mm 外圆→车 R25mm 凹圆弧→车 R25mm 凸圆弧→车 R15mm 凹圆弧→车 ϕ40mm 外圆→车斜面→车 ϕ56mm 外圆）→车 M30×1mm 螺纹
编程用功能指令	编程采用 G00、G01、G71、G92 指令
螺纹小径计算	$d_1=d-1.0825P=30$mm$-1.0825×1$mm$=28.92$mm

3）加工工序单与进给路线见表 7-2。

4）该零件的数控加工程序见表 7-3。

表 7-2　零件加工工序单与进给路线

工步内容	工步简图	刀路分析与基点位置
车端面	—	
车削外表面		G71 循环,快速定位循环点(62,2) 　进给路线:倒角延长线 D 点(24,2)→E 点(30,-2),倒角→F 点(30,-18),车螺纹大径→G 点(26,-20),倒角→H 点(26,-25),车槽底→J 点(36,-35),车斜面→K 点(36,-45),车 ϕ36mm 外圆→L 点(40,-69),车 R25mm 凹圆弧→M 点(40,-99),车 R25mm 凸圆弧→N 点(34,-108),车 R15mm 凹圆弧→P 点(34,-113),车 ϕ34mm 外圆→Q 点(56,-128),车斜面→R 点(56,-138),车 ϕ56mm 外圆
车螺纹		G92 循环车削 　进给路线与进给次数:快速定位 U 点(32,3)→S 点(28.92,3),进给→Y 点(28.92,-23),车螺纹→T 点(32,-23),退刀→U 点,返回循环点 　螺纹加工中不可一次进到 S 点(螺纹底径),分四次进给:第一次进至 29.5mm,第二次进至 29.2mm,第三次进至 29mm,第四次进至 28.92mm

表 7-3　零件数控加工程序及说明

程　序	说　明
O8701;	主程序名
G99 T0101 M03 S750;	用 G 指令建立工件坐标系,主轴以 750r/min 正转
G00 X62. Z2.;	快速定位
G71 U1.5 R1.;	G71 粗车各表面
G71 P10 Q25 U0.4 W0.2 F0.2;	
N10 G00 X24.;	至倒角延长线(D 点)
Z2.;	
G01 X30. Z-1. F0.1;	倒角(D→E)
Z-18.;	车外圆(E→F)
X26. Z-20.;	倒角(F→G)
Z-25.;	车外圆(G→H)
X36. Z-35.;	车斜面(H→J)
Z-45.;	车外圆(J→K)
G02 X40. Z-69. R25.;	车 R25mm 凹圆弧(K→L)
G03 X40. Z-99. R25.;	车 R25mm 凸圆弧(L→M)
G02 X34. Z-108. R15.;	车 R15mm 凹圆弧(M→N)
G01 Z-113.;	车 ϕ34mm 外圆(N→P)
X56. Z-128.;	车斜面(P→Q)
Z-138.;	车 ϕ56mm 外圆(Q→R)
N25 G01 X62.;	退刀

（续）

程　序	说　明	
G00 Z2.；	至循环点	
S1000；	主轴以 1000r/min 正转	
G70 P10 Q25；	G70 精车各外表面	
G00 X100. Z100.；	至换刀点	
T0202 S400；	选用 2 号刀，主轴以 400r/min 正转	
G00 X32. Z3.；	至循环点	
G92 X29.5 Z-22. F1.；	G92 车螺纹，第一次进给	
X29.2；	第二次进给	
X29.；	第三次进给	
X28.92；	第四次进给	
G00 X100. Z100.；	至换刀点	
M05；	主轴停	
M30；	主程序结束并返回	图 7-1　零件的加工

（2）工程实例二

1）工程图样如图 7-2 所示。

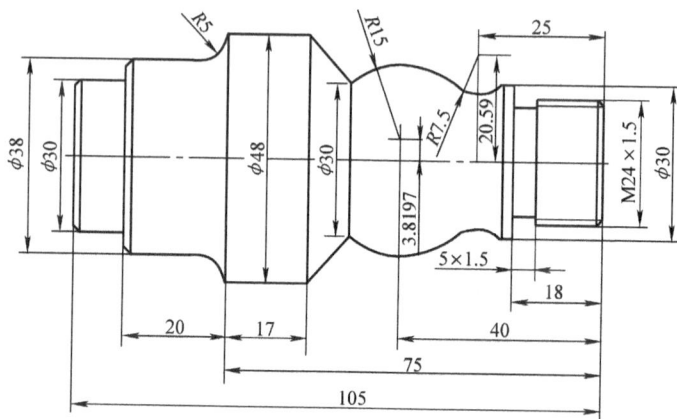

技术要求
1. 未注公差按GB/T 1804—m。
2. 倒角C1。
3. 备料：ϕ50mm×110mm。

$\sqrt{Ra\ 3.2}$

零件加工成形图

图 7-2　复杂零件二加工图

2）工艺分析。零件的加工工艺分析见表 7-4。

表 7-4　零件的加工工艺分析

项目内容	分析说明
设备选择	FANUC 0i 系统
刀具选择	1. 93°机夹尖车刀（刀尖角 35°），刀号 T0101（刀柄：SVICR2020K11；刀片：VC..110304） 2. 车断刀，刀头宽 5mm，刀头长 15mm，刀号 T0202（刀柄：QA2020R03；刀片：Q03YB415） 3. 60°外螺纹车刀，刀号 T0303（刀柄：SER2020K16T；刀片：16ER2.00ISOEC1030）

（续）

项目内容	分析说明
量具选用	1. 游标卡尺（0~125mm） 2. 外径千分尺（25~50mm） 3. 螺纹环规 4. 半径样板
切削用量的选用	1. 转速的选择：车外圆与车圆弧时 $n=800\text{r/min}$，车槽与车螺纹时 $n=450\text{r/min}$ 2. 背吃刀量的选用：外径与圆弧精加工余量为 0.4mm，螺纹分四刀（第一刀 0.5mm；第二刀 0.5mm；第三刀 0.4mm；第四刀 0.224mm）进给完成 3. 进给量的选用：粗车时 $f=0.2\text{mm/r}$；精车时 $f=0.1\text{mm/r}$；螺纹车削时 $f=1.5\text{mm/r}$
夹具的选用	本零件采用自定心卡盘直接装夹
坐标原点的选取	本零件分两次调头装夹车削完成，先完成左侧外圆再调头夹 $\phi38\text{mm}$ 外圆车右侧，所以该零件的坐标原点有两个，一个为零件左端面与轴线的交点；另一个为零件右端面与轴线的交点
加工工步	车左侧端面→用 G71 循环车削左侧外圆（倒角 $C1$→车 $\phi30\text{mm}$ 外圆→倒角→车 $\phi38\text{mm}$ 外圆→车 $R5\text{mm}$ 凹圆弧→车 $\phi48\text{mm}$ 外圆）→调头车右端面（控总长）→用 G71 循环车削右侧各表面（倒角→车 M24 螺纹大径→车 $\phi30\text{mm}$ 外圆→车 $R7.5\text{mm}$ 凹圆弧→车 $R15\text{mm}$ 凸圆弧→车斜面）→车槽→车螺纹
编程用功能指令	编程采用 G00、G01、G71、G92、G02、G03、G04 指令
螺纹小径（底径）计算	$d_1=d-1.0825P=24\text{mm}-1.0825\times1.5\text{mm}=22.376\text{mm}$

3）加工工序单与进给路线见表 7-5。

表 7-5 零件加工工序单与进给路线

工步内容	工步简图	刀路分析与基点位置
车左侧端面	—	
车削左侧各表面		进给路线：快速定位 A 点（24,2），至倒角延长线上→B 点（30,-1），倒角 $C1$→C 点（30,-10），车 $\phi30\text{mm}$ 外圆→D 点（36,-10），倒角延长线上→E 点（38,-11），倒角→F 点（38,25），车 $\phi38\text{mm}$ 外圆→G 点（48,-30），车 $R5\text{mm}$ 圆弧→H 点（48,-47），车 $\phi48\text{mm}$ 外圆→I 点（52,-47），退刀
车右侧端面（控总长）	—	
车削右侧各表面		进给路线：快速定位 J 点（18,2），倒角延长线上→K 点（24,-1），倒角→L 点（24,-18），车螺纹大径→M 点（30,-18），准备车外圆→N 点（30,-20），车 $\phi30\text{mm}$ 外圆→P 点（30,-29.97），车 $R7.5\text{mm}$ 凹圆弧→Q 点（30,-50），车 $R15\text{mm}$ 凸圆弧→S 点（48,-58），车斜面
车槽		进给路线：快速定位 T 点（32,-18）→U 点（21,-18），车槽→T 点，退刀

（续）

工步内容	工步简图	刀路分析与基点位置
车螺纹		进给路线：快速定位 R 点（26,3）→W（22.376,3），进给→Y 点（22.376,-15），车螺纹→V 点（26,-15），退刀→R 点，返回循环点 螺纹车削时不能一次进给完成，其进给次数以表 7-4 中切削用量的选用为参考

4）该零件的数控加工程序见表 7-6、表 7-7。

表 7-6　零件左侧数控加工程序及说明

程　序	说　明
O8702;	左侧加工主程序名
G99 T0101 M03 S800;	用 G 指令建立工件坐标系，主轴以 800r/min 正转
G00 X52. Z2.;	快速定位循环点位置
G94 X0. Z0. F0.1;	车端面
G71 U1.5 R1.;	G71 循环车削各表面
G71 P5 Q15 U0.4 W0.2 F0.2;	
N5 G00 X24. Z2.;	快速定位 A 点（倒角延长线）
G01 X30. Z-1. F0.1;	倒角 C1（A→B）（表 7-5 中车削左侧各表面图）
Z-10.;	车 φ30mm 外圆（B→C）
X36.;	车台阶面到倒角延长线处（C→D）
X38. Z-11.;	倒角 C1（D→E）
Z-25.;	车 φ38mm 外圆（E→F）
G02 X48. Z-30. R5.;	车 R5mm 凹圆弧（F→G）
G01 Z-47.;	车 φ48mm 外圆（G→H）
N15 G01 X52.;	退刀（H→I）
G00 X100. Z100.;	至换刀点
M05;	主轴停
M30;	主程序结束并返回

图 7-2　零件左侧的加工

表 7-7　零件右侧数控加工程序及说明

程　序	说　明
O8703;	右侧加工主程序名
G99 T0101 M03 S800;	用 G 指令建立工件坐标系，主轴以 800r/min 正转
G00 X52. Z2.;	快速定位循环点位置
G94 X0. Z0. F0.1	车端面定总长
G71 U1.5 R1.;	G71 循环车削各表面
G71P30 Q60 U0.4 W0.2 F0.2;	

（续）

程　序	说　明
N30 G00 X18. Z2. ;	快速定位 J 点(倒角延长线)
G01 X24. Z-1. F0.1;	倒角 C1(J→K)(表 7-5 中车削右侧各表面图)
Z-18. ;	车螺纹大径(K→L)
X30. ;	车台阶面(L→M)
W-2. ;	车 φ30mm 外圆(M→N)
G02 X30. Z-29.97 R7.5;	车 R7.5mm 凹圆弧(N→P)
G03 X30. Z-50. R15. ;	车 R15mm 凸圆弧(P→Q)
G01 X48. Z-58. ;	车斜面(Q→S)
N60 G01 X52. ;	退刀
G00 X100. Z100. ;	至换刀点
T0202 S450;	选用 2 号刀,主轴以 450r/min 正转
G00 X32. Z-18. ;	快速定位 T 点(表 7-5 中车槽图)
G01 X21. F0.1;	车槽(T→U)
G04 P2;	暂停
G01 X32. ;	退刀
G00 X100. Z100. ;	至换刀点
T0303;	选用 3 号刀
G00 X26. Z3. ;	快速定位 R 点(表 7-5 中车螺纹图)
G92 X23.5 Z-15. F1.5;	用 G92 循环车削螺纹,第一次进给 0.5mm
X23. ;	第二次进给 0.5mm
X22.6;	第三次进给 0.4mm
X22.376;	第四次进给 0.224mm
G00 X100. Z100. ;	至换刀点
M05;	主轴停
M30;	主程序结束并返回

图 7-2　零件右侧的加工

（3）工程实例三

1）工程图样如图 7-3 所示。

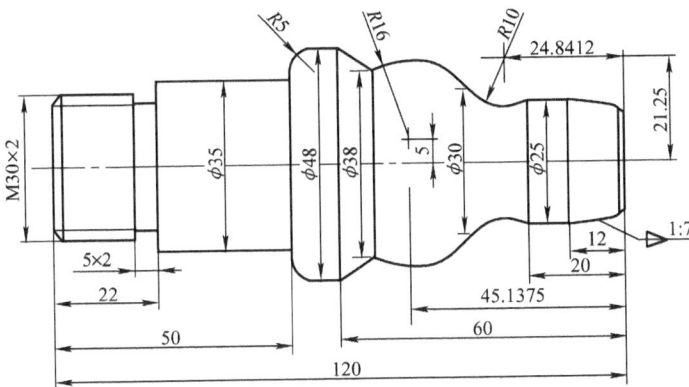

技术要求

1. 未注公差按GB/T 1804—m。
2. 倒角C2。
3. 备料:φ50mm×125mm。

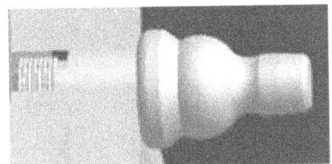

零件加工成形图　　√Ra 3.2

图 7-3　复杂零件三加工图

2）工艺分析。零件的加工工艺分析见表7-8。

表7-8 零件的加工工艺分析

项目内容	分析说明
设备选择	FANUC 0i 系统
刀具选择	1. 主偏角为93°的机夹车刀，刀号T0101（刀柄：SCLCR2020K09；刀片：CC..09T308） 2. 车断刀，刀头宽4mm，刀头长10mm，刀号T0202（刀柄：QA2020R03；刀片：Q03YB415） 3. 60°外螺纹车刀，刀号T0303（刀柄：SER2020K16T；刀片：16ER2.00ISOEC1030） 4. 外圆车刀（刀尖角35°），刀号T0202（刀柄：SVJCR2020K11；刀片：VC..110304）
量具选用	1. 游标卡尺（0~125mm） 2. 外径千分尺（25~50mm） 3. 螺纹千分尺（或环规） 4. 半径样板 5. 游标万能角度尺（锥度样板）
切削用量的选用	1. 转速的选择：外圆车削时 $n=800$r/min；车槽和车螺纹时 $n=450$r/min 2. 背吃刀量的选用：外径与圆弧精加工余量为0.4mm；螺纹分五刀（第一刀0.8mm；第二刀0.5mm；第三刀0.5mm；第四刀0.2mm；第五刀0.165mm）进给完成 3. 进给量的选用：粗车时 $f=0.2$mm/r；精车时 $f=0.1$mm/r；螺纹车削时 $f=2$mm/r
夹具的选用	本零件采用自定心卡盘直接装夹
坐标原点的选取	本零件分两次调头装夹车削完成，先完成左侧外圆再调头夹 $\phi35$mm 外圆车右侧，所以零件的坐标原点有两个，一个为零件左端面与轴线的交点；另一个为零件右端面与轴线的交点
加工工步	夹工件的一端，伸出长度大于65mm，车左侧端面→用G71车左侧各表面（倒角→车螺纹大径→车 $\phi35$mm 外圆→车台阶端面→车 $R5$mm 凸圆弧→车 $\phi48$mm 外圆→车槽→车螺纹）；工件调头夹 $\phi35$mm 外圆车右侧端面（控总长）→用G71循环车削右侧各表面（倒角→车锥面→车 $\phi25$mm 外圆→车 $R10$mm 凹圆弧→车 $R16$mm 凸圆弧→车斜面）
编程用功能指令	编程采用G00、G01、G02、G03、G04、G71、G92指令
螺纹小径的计算	$d_1=d-1.0825P=30\text{mm}-1.0825\times2\text{mm}=27.835\text{mm}$

3）加工工序单与进给路线见表7-9。

表7-9 零件加工工序单与进给路线

工步内容	工步简图	刀路分析与基点位置
车左端面	—	
车削左侧各表面		进给路线:快速定位起刀点 A 点（22,2），倒角延长线上→B 点（30，-2），倒角 $C2$→C 点（30，-22），车螺纹大径→D 点（35，-22），车台阶面→E 点（35，-50），车 $\phi35$mm 外圆→F 点（38，-50），至圆弧车削起点→G 点（48，-55），车 $R5$mm 凸圆弧→H 点（48，-60），车 $\phi48$mm 外圆→I 点，退刀
车槽		进给路线:快速定位 J 点（36，-22），至车槽位置处→K 点（26，-22），车槽→J 点，退刀

（续）

工步内容	工步简图	刀路分析与基点位置
车螺纹		快速定位 L 点(33,3),循环起点→M 点(27.835,3) 进刀(至螺纹小径)→P 点(27.835,-20),车螺纹→N 点(33,-20),退刀→L 点,返回循环起点 螺纹车削不可一次进刀至螺纹小径,本例工件的螺纹车削分五次进给完成,具体见表 7-8 中切削用量的选用
车削右侧各表面		进给路线:快速定位 Q 点(15.572,2),(倒角延长线处)→R 点(23.572,-2),倒角 C2→S 点(25,-12),车锥面→V 点(25,-20),车 ϕ25mm 外圆→T 点(30,-32.65)车 R10mm 凹圆弧→U 点(38,-52.88),车 R16mm 凸圆弧→W 点(48,-60),车斜面

4）该零件的数控加工程序见表 7-10、表 7-11。

表 7-10　零件左侧数控加工程序及说明

程　　序	说　　明
O5005;	左侧加工主程序名
G99 T0101 M03 S800;	用 G 指令建立工件坐标系,主轴以 800r/min 正转
G00 X52. Z2.;	快速定位循环点位置
G94 X-1. Z0. F0.1;	车端面
G71 U1.5 R0.5;	G71 循环车削各表面
G71 P5 Q10 U0.5 W0.1 F0.2;	
N5 G00 X22.;	快速定位 A 点(倒角延长线)
G01 X30. Z-2. F0.1;	倒角 C2(A→B)
Z-22.;	车螺纹大径(B→C)
X35.;	车台阶面(C→D)
Z-50.;	车 ϕ35mm 外圆(D→E)
X38.;	至圆弧起点(E→F)
G03 X48. W-5. R5.;	车 R5mm 凸圆弧(F→G)
G01 Z-61.;	车 ϕ48mm 外圆(G→H)
N10 G01 X52.;	退刀(H→I)
G70 P5 Q10;	G70 精车左侧外形轮廓
G00 X100. Z100.;	至换刀点
T0202 S450;	用 2 号刀,主轴以 450r/min 正转
G00 X36.;	快速定位起刀点 J
Z-22.;	
G01 X26. F0.1;	车槽(J→K)

（续）

程　序	说　明	
X32.；	退刀	
G00 X100. Z100.；	至换刀点	
T0303；	用 3 号刀	
G00 X33. Z3.；	快速定位循环点	
G92 X29.2 Z-20. F2.；	用 G92 循环车螺纹，第一次进刀 0.8mm	
X28.7；	第二次进刀 0.5mm	
X28.2；	第三次进刀 0.5mm	
X28.；	第四次进刀 0.2mm	
X27.835；	第五次进刀 0.165mm	
G00 X100. Z100.；	至换刀点	
M05；	主轴停	
M30；	主程序结束并返回	图 7-3　零件左侧的加工

表 7-11　零件右侧数控加工程序及说明

程　序	说　明	
O5006；	右侧加工主程序名	
G99 T0101 M03 S800；	用 G 指令建立工件坐标系，主轴以 800r/min 正转	
G00 X52. Z2.；	快速定位循环点位置	
G94 X-1. Z0. F0.1；	车右端面，定总长	
G71 U1.5 R0.5；		
G71 P115 Q30 U0.5 W0.1 F0.2；		
N15 G00 X23.；		
Z0.；		
G01 X25. Z-12. F0.1；	G71 循环车削各表面	
Z-20.；		
G02 X30. Z-32.65 R10.；		
G03 X38. Z-52.88 R16.；		
N30 G01 X48. Z-60.；		
G70 P15 Q30.；	退刀	
G00 X100. Z100.；	至换刀点	
M05；	主轴停	
M30；	主程序结束并返回	图 7-3　零件右侧的加工

（4）工程实例四

1）工程图样如图 7-4 所示。

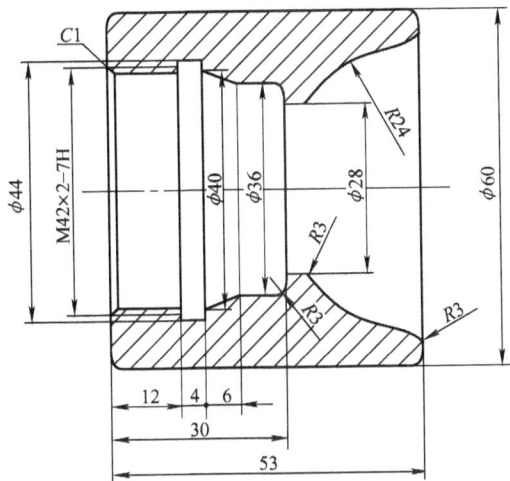

技术要求

1. 未注公差按GB/T 1804—m。
2. 备料：$\phi 60mm \times 55mm$（$\phi 28mm$ 孔已加工好）。

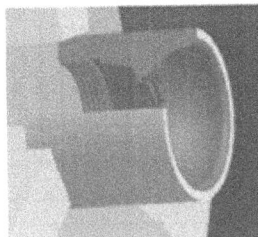

零件加工成形图

图 7-4 复杂零件四加工图

2）工艺分析。零件的加工工艺分析见表 7-12。

表 7-12 零件的加工工艺分析

项目内容	分 析 说 明
设备选择	FANUC 0i 系统
刀具选择	1. 内孔车刀，刀号 T0101（刀柄：S12M-SCLCR06；刀片：CC..060204） 2. 内槽车刀，刀号 T0202，刀头宽 4mm（刀柄：GRV.RS20M.20 JC16；刀片：TC16T3 R215-V） 3. 60°内螺纹车刀，刀号 T0303（刀柄：SNR 0016M16；刀片：16NR2.00ISOEC1030）
量具选用	1. 游标卡尺（0~125mm） 2. 内径量表（或塞规） 3. 内沟槽卡尺 4. 螺纹塞规 5. 半径样板
切削用量的选用	1. 转速的选择：$n = 450r/min$ 2. 背吃刀量的选用：留精加工余量 0.4mm，螺纹车削时分五次进刀：第一次 0.7mm；第二次 0.5mm；第三次 0.4mm；第四次 0.3mm；第五次 0.1mm 3. 进给量的选用：车内表面时 $f = 0.1 \sim 0.15mm/r$；车螺纹时 $f = 2mm/r$（等于 P）
夹具的选用	本零件采用自定心卡盘直接装夹
坐标原点的选取	本零件要调头进行车削，所以其坐标原点为两个，一个是零件右端面与轴线的交点（车右侧）；另一个是零件左端面与轴线的交点（车左侧）
加工工步	先车左侧（螺纹一侧）：车左侧端面→用 G71 循环车削各表面（车螺纹顶径→车斜面→车内孔→车内圆弧）；车内沟槽→车内螺纹 车右侧（内圆弧一侧）：车右端面（控制总长）→车 R3mm 圆弧→车 R24mm 圆弧→车 R3mm 圆弧
编程用功能指令	编程采用 G00、G01、G02、G03、G71、G92 指令
内螺纹顶径计算	$D_1 = D - P = 42mm - 2mm = 40mm$

3）加工工序单与进给路线见表 7-13。

4）该零件的数控加工程序见表 7-14、表 7-15。

163

表 7-13　零件加工工序单与进给路线

工步内容	工步简图	刀路分析与基点位置
车左侧端面	—	—
车削左侧各内表面		走刀路线:快速定位 A 点(25,2),走刀点位置→B 点(46,2),至倒角延长线上→C 点(40,-1),倒角 C1→E 点(40,-16),车螺纹顶径→F 点(36,-22),车斜面→G 点(36,-27),车 ϕ36mm 内孔→H 点(30,-30),车内圆弧面→K 点(28,-35),车 ϕ28mm 内孔→L 点(25,-35),退刀→A 点,返回起刀点
车内沟槽		进给路线:快速定位 M 点(25,2)→N 点(25,-16),车槽起刀点位置→R 点(44,-16),车内沟槽→N 点,退刀→M 点,返回循环点
车内螺纹		进给路线:快速定位 P 点(35,3),螺纹车削循环点 U 点(42,3),进给→J 点(42,-14),车螺纹→W 点,(35,-14)退刀→P 点,返回循环点 本例螺纹不可一次进给车削完成,共分五次,其具体进刀见表 7-12 中切削用量的选用
车右侧端面(控总长)	—	—
车削右侧各内表面		进给路线:快速定位循环点位置 T 点(25,2)→Q 点(53.67,0),至 R3mm 圆弧起刀点位置→I 点(44.7,-2.67),车 R3mm 圆弧→Y 点(30.22,-18.65),车 R24mm 圆弧→V 点(28,-20.98),车 R3mm 圆弧→S 点(25,-20.98),退刀→T 点,返回循环点

表 7-14　零件左侧数控加工程序及说明

程　序	说　明
O8706;	左侧加工主程序名
G99 T0101 M03 S450;	建立工作坐标系,主轴以 450r/min 正转
G00 X25. Z2.;	快速定位循环点 A(表 7-13 中车削左侧各内表面图)
G71 U1. R1.;	用 G71 指令循环加工各表面
G71 P3 Q10 U0.2 W0.1 F0.15;	
N3 G00 X46.;	快速定位起刀点(B 点,倒角延长线上)
G01 X40. Z-1. F0.1;	倒角 C1(B→C)
Z-16.;	车螺纹顶径(C→E)

(续)

程　序	说　明
X36. Z−22. ;	车斜面(E→F)
Z−27. ;	车 φ36mm 孔径(F→G)
G03 X30. Z−30. R3. ;	车内圆弧(G→H)
G01 Z−35. ;	车 φ28mm 内孔(H→K)
N10 G01 X25. ;	退刀(K→L)
G00 Z2. ;	至循环点位置(L→A)
G00 X100. Z100. ;	至换刀点
T0202;	用 2 号刀
G00 X25. Z2. ;	快速定位 M 点(表 7-13 中车内沟槽图)
Z−16. ;	至车槽处(M→N)
G01 X44. F0.1;	车槽(N→R)
G04 P2;	暂停
G01 X25. ;	退刀
G00 Z2. ;	
G00 X100. Z100. ;	至换刀点
T0303;	用 3 号刀
G00 X35. Z3. ;	快速定位循环点位置 P 点
G92 X40.7 Z−14. F2. ;	车螺纹,第一次进给
X41.2;	第二次进给
X41.6;	第三次进给
X41.9;	第四次进给
X42. ;	第五次进给

程　序	说　明	
G00 X100. Z100. ;	至换刀点	
M05;	主轴停	
M30;	主程序结束并返回	图 7-4　零件左侧的加工

表 7-15　零件右侧数控加工程序及说明

程　序	说　明
O8707;	右侧加工主程序名
G99 T0404 M03 S400;	建立坐标系,主轴以 400r/min 正转
G00 X25. Z2. ;	快速定位循环点(T 点)(表 7-13 中车削右侧各内表面图)
G71 U1. R1. ;	用 G71 循环车削右侧各内表面
G71 P5 Q15 U0.2 W0.1 F0.15;	
N5 G00 X53.67;	至起刀点(Q 点)
Z0. ;	

（续）

程　　序	说　　明	
G02 X44.7 Z-2.67 R3. F0.1;	车 R3mm 内圆弧（Q→I）	
G03 X30.22 Z-18.65 R24.;	车 R24mm 内圆弧（I→Y）	
G02 X28. Z-20.98 R3.;	车 R3mm 内圆弧（Y→V）	
N15 X25.;	退刀（V→S）	
G00 Z2.;	至循环点	
G00 X100. Z100.;	至换刀点	
M05;	主轴停	
M30;	主程序结束并返回	图 7-4　零件右侧的加工

（5）工程实例五

1）工程图样如图 7-5 所示。

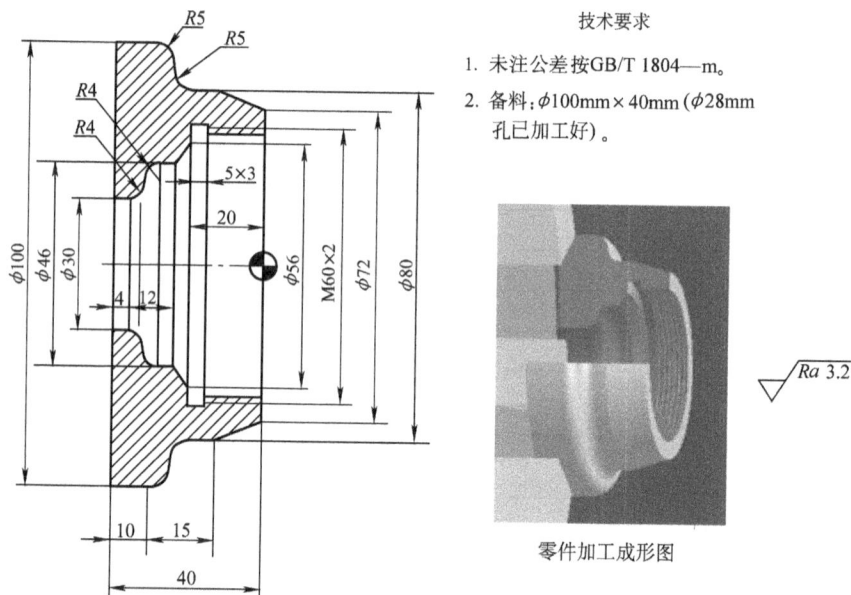

技术要求

1. 未注公差按 GB/T 1804—m。

2. 备料：φ100mm×40mm（φ28mm 孔已加工好）。

$\sqrt{Ra\ 3.2}$

零件加工成形图

图 7-5　复杂零件五加工图

2）工艺分析。零件的加工工艺分析见表 7-16。

表 7-16　零件的加工工艺分析

项目内容	分　析　说　明
设备选择	FANUC 0i 系统
刀具选择	1. 93°机夹尖车刀（刀尖角 35°），刀号 T0101（刀柄：SVICR2020K11；刀片：VC..110304） 2. 内孔车刀，刀号 T0202（刀柄：S12M-SCLCR06；刀片：CC..060204） 3. 内槽车刀，刀号 T0303（刀柄：GRV.RS20M.20 JC16；刀片：TC16T3 R215-V） 4. 60°内螺纹车刀，刀号 T0404（刀柄：SNR 0016M16；刀片：16NR2.00ISOEC1030）

(续)

项 目 内 容	分 析 说 明
量具选用	1. 游标卡尺(0~125mm) 2. 内沟槽卡尺 3. 螺纹塞规 4. 半径样板
切削用量的选用	1. 转速的选择:外圆车削时 $n=800$r/min;内表面车削与车槽时 $n=450$r/min;内螺纹车削时 $n=400$r/min,螺纹车削分五次进给 2. 背吃刀量的选用:外表面留 0.5mm 精加工余量;内表面留 0.2mm 精加工余量;螺纹加工分五次进给完成:第一次 0.7mm;第二次 0.5mm;第三次 0.4mm;第四次 0.3mm;第五次 0.1mm 3. 进给量的选用: $f=0.08\sim0.3$mm/r;车螺纹时 $f=2$(等于 P)
夹具的选用	本零件采用自定心卡盘直接装夹
坐标原点的选取	本零件的坐标原点应选择为零件右端面与轴线的交点处
加工工步	装夹工件,伸出长 32mm 左右→用 G71 循环车削外表面(车斜面→车 ϕ80mm 外圆→车 R5mm 凹圆弧→车 R5mm 凸圆弧)→用 G71 循环车削内表面(车螺纹顶径→车斜面→车 ϕ46mm 孔径→车 R4mm 内圆弧→车 R4mm 内圆弧→车 ϕ30mm 孔径)→车内沟槽→车螺纹
编程用功能指令	编程采用 G00、G01、G02、G03、G04、G71、G92 指令
螺纹顶径的计算	$D_1 = D-P = 60$mm-2mm$=58$mm

3) 加工工序单与进给路线见表 7-17。

表 7-17 零件加工工序单与进给路线

工步内容	工步简图	刀路分析与基点位置
车外表面		进给路线:快速定位循环 R 点(102,2)→A 点(72,0),起刀点位置→B 点(80,-15),车斜面→C 点(80,-20),车 ϕ80mm 外圆→D 点(90,-25),车 R5mm 凹圆弧→E 点(100,-30),车 R5mm 凸圆弧→退刀
车内表面		进给路线:快速定位循环点 F 点(28,2)→G 点(58,0),至起刀点→H 点(58,-20),车螺纹顶径→I 点(56,-20),车台阶小端面→J 点(46,-24),车斜面→K 点(46,-28),车 ϕ46mm 内径→L 点(38,-32),车 R4mm 内圆弧→M 点(30,-36),车 R4mm 内圆弧→N 点(30,-40),车 ϕ30mm 内径→P 点(28,-40),退刀→F 点,至循环点

（续）

工步内容	工步简图	刀路分析与基点位置
车内沟槽	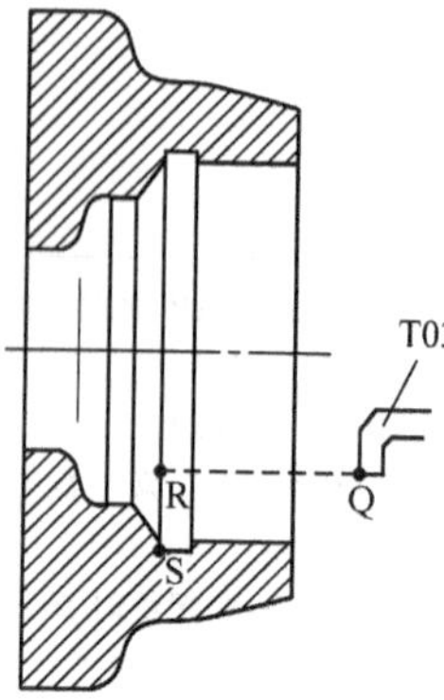	进给路线:快速定位 Q 点(28,2)→R 点(28,-20),至起刀点→S 点(64,-20),切槽→R 点,退刀→Q 点,返回定位点
车螺纹	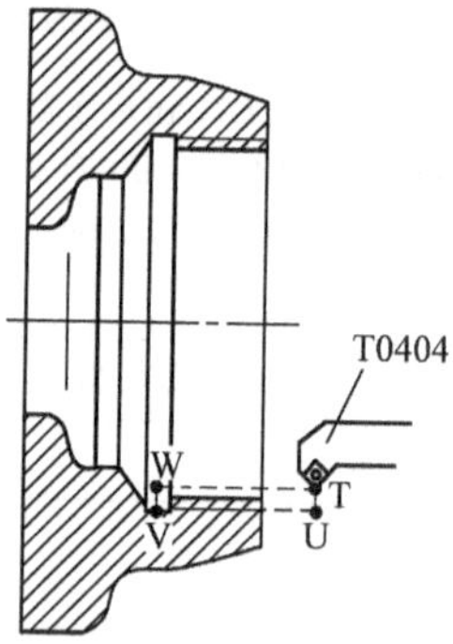	进给路线:快速定位循环点 T 点(55,3)→U 点(60,3),进给(至底径)→V 点(60,-18),车螺纹→W 点(55,-18),退刀→T 点,至循环点 螺纹车削不可一次进给至底径(U 点)车削完成,其进刀次数见表 7-16 中切削用量的选用

4）该零件的数控加工程序见表 7-18。

表 7-18 零件数控加工程序及说明

程　　序	说　　明
O5009;	主程序名
G99 T0101 M03 S800;	用 G 指令建立工件坐标系,主轴以 800r/min 正转
G00 X102. Z2.;	快速定位循环点
G94 X25. Z0. F0.1;	车端面
G71 U1.5 R1.;	G71 循环车削各外表面
G71 P11 Q19 U0.4 W0.2 F0.2;	
N11 G00 X72.;	至起刀点位置
Z0.;	
G01 X80. Z-15. F0.1;	车斜面
Z-20.;	车 φ80mm 外圆
G02 X90. Z-25. R5.;	车 R5mm 凹圆弧
N19 G03 X100. Z-30. R5.;	车 R5mm 凸圆弧
G70 P11 Q19;	G70 精车
G00 X120. Z100.;	至换刀点

（续）

程 序	说 明
T0202 S450；	用 2 号刀，主轴以 450r/min 正转
G00 X28. Z2. ；	快速定位循环点下
G71 U1. R1. ；	G71 循环车削各内表面
G71 P25 Q100 U0. 2 W0. 1 F0. 15；	
N25 G00 X58. ；	至起刀点位置
Z0. ；	
G01 Z-20. F0. 1；	车螺纹顶径
X56. ；	车台阶小端面
X46. W-4. ；	车斜面
Z-28. ；	车 φ46mm 内径
G03 X38. Z-32. R4；	车 R4mm 内圆弧
G02 X30. Z-36. R4. ；	车 R4mm 内圆弧
G01 Z-41. ；	车 φ30mm 内径
N100 G01 X28. ；	退刀
G70 P25 Q100；	G70 精车各内表面
G00 X120. Z100. ；	到换刀点
T0303；	用 3 号刀
G00 X28. Z2. ；	快速定位
Z-20. ；	至起刀点
G01 X64. F0. 08；	车槽
G04 P2；	暂停
G01 X28. F0. 3；	退刀
G00 Z100. ；	
X120. ；	
T0404 S400；	用 4 号刀，主轴以 400r/min 正转
G00 X55. Z3. ；	快速定位循环点
G92 X58. 7 Z-18. F2. ；	用 G92 车螺纹，第一次进刀
X59. 2；	第二次进刀
X59. 6；	第三次进刀
X59. 9；	第四次进刀
X60. ；	第五次进刀
G00 X120. Z100. ；	至换刀点
M05；	主轴停
M30；	主程序结束并返回

图 7-5 零件的加工

任务二 应用子程序的加工

如果一组程序段在一个程序中多次出现，或者在几个程序中都要使用，则这个典型的加工程序段可以做成固定程序，并单独加以命名，这组程序段称为子程序。使用子程序的作用是减少不必要的重复编程工作，进而达到简化程序的目的。

一般地，数控系统执行主程序的指令，但当执行到一条子程序调用指令时，数控系统转向执行子程序，在子程序中执行到返回指令时，再回到主程序。

（1）**子程序的格式** 在大多数数控系统中，子程序与主程序并无本质区别，子程序与主程序的程序号及程序内容基本相同，仅结束标记不同，主程序用 M02 或 M30 指令表示结束，子程序则用 M99 指令表示结束。

子程序的格式如图 7-6 所示。

在程序的开始应该有一个由地址 O 指定的子程序号；在程序的结尾，返回主程序的指令 M99 必不可少。M99可以不必出现在一个单独的程序段中，作为子程序的结尾，也可以写成

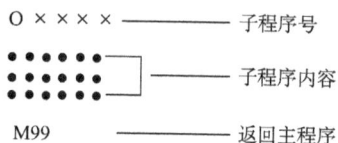

图 7-6　子程序的格式

G90 G00 X0. Z100. 　M99；

（2）**子程序的调用** 子程序可以被主程序调用，同时子程序也可以调用另一个子程序，其编程方式如图 7-7 所示。

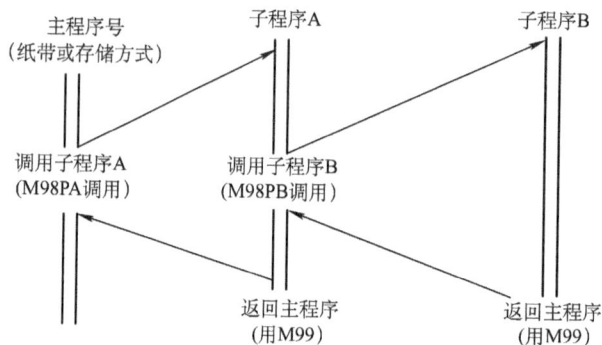

图 7-7　子程序调用方式

主程序调用子程序时，要用 M98 指令呼叫子程序。呼叫某一子程序需要在 M98 后面写出子程序号，此时改子程序号 O×××× 为 P××××，其书写格式为

M98 L×××× P ××××；

在 FANUC 数控系统中，常用的子程序调用格式除了上述格式外，还有一种，其书写格式为

M98 P0000 ××××；

其中，P 为要调用的子程序号；L 为重复子程序的次数，若省略，则表示只调用一次子程序，如"M98 L05 P0020；"表示连续调用 0020 号子程序 5 次。

主程序可以多次调用和重复调用某一子程序，重复调用要用 L 及其后面的数字指定调用次数。重复调用的方式如图 7-8 所示。子程序还可以调用另外一个子程序，这种情况称为子程序嵌套，不同的数控系统所规定的嵌套次数是不相同的。

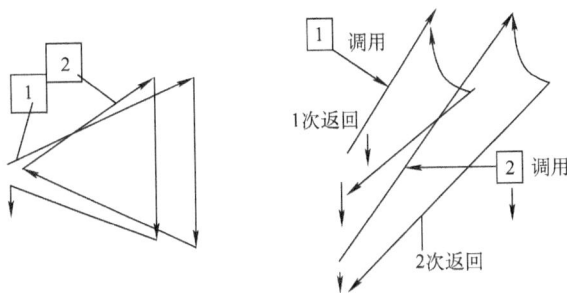

图 7-8　子程序重复调用

（3）工程实例

1）圆弧件的车削。工程训练图样如图 7-9 所示。

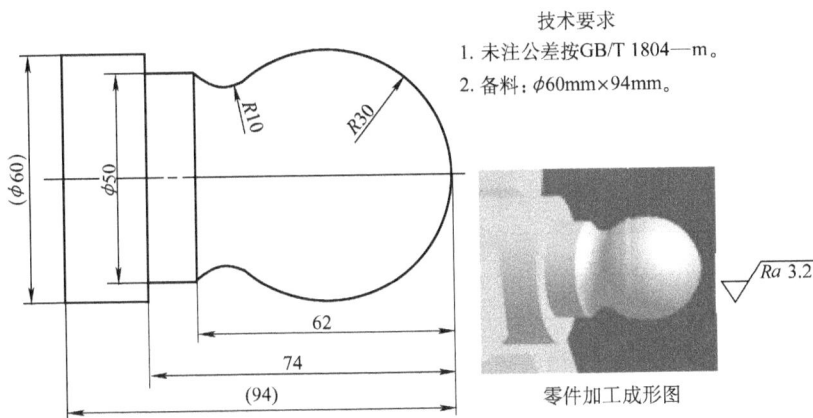

技术要求
1. 未注公差按GB/T 1804—m。
2. 备料：ϕ60mm×94mm。

零件加工成形图

图 7-9　圆弧件车削图样

① 工艺分析。零件的加工工艺分析见表 7-19。

表 7-19　零件的加工工艺分析

项目内容	分析说明
设备选择	FANUC 0i 系统
刀具选择	93°机夹尖车刀（刀尖角 35°），刀号 T0101（刀柄：SVICR2020K11；刀片：VC..110304）
量具选用	1. 游标卡尺（0～125mm） 2. 外径千分尺（25～50mm） 3. 半径样板
切削用量的选用	1. 转速的选择：$n = 600$r/min 2. 背吃刀量的选用：$a_p = 1$mm 3. 进给量的选用：$f = 0.1 \sim 0.12$mm/r
夹具的选用	本零件采用自定心卡盘直接装夹
坐标原点的选取	本零件的坐标原点应选择在零件右端面与轴线的交点处
加工工步	装夹工件一端，伸出长度大于 75mm→车端面→车 R30mm 凸圆弧→车 R10mm 凹圆弧→车 ϕ50mm 外圆
编程用功能指令	编程采用 G00、G01、G02、G03 指令

② 加工工序单与进给路线见表 7-20。

表 7-20 零件加工工序单与进给路线

工步内容	工步简图	刀路分析与基点位置
车端面	—	—
调用子程序车各表面		进给路线：快速定位 R 点(62,2)→O 点(0,0)，起刀点→A 点(48,-48)，车 R30mm 凸圆弧→B 点(50,-62)，车 R10mm 凹圆弧→C 点(50,-74)，车 φ50mm 外圆→D 点(62,-74)，车台阶端面并退刀→R 点，返回循环点

③ 该零件的数控加工程序见表 7-21。

表 7-21 零件数控加工程序及说明

程 序	说 明
O5002;	主程序名
G99 T0101 M03 S600;	用 G 指令建立工件坐标系，主轴以 600r/min 正转
G00 X62. Z2.;	
G01 X-0.5 F0.12;	车端面
Z2.;	
G00 X62.;	返回对刀点
M98 L11 P5202;	调用子程序 5202 共计 11 次 也可写为：M98 P5202 11
G00 X100. Z100.;	
M05;	主轴停
M30;	主程序结束并返回
O5202;	子程序名
G01 U-4.;	
Z0.;	
G03 X48. Z-48. R30. F0.1;	车 R30mm 圆弧(O→A)
G02 U2. Z-62. R10.;	车 R10mm 圆弧(A→B)
G01 Z-74.;	车 R50mm 外圆(B→C)
U14.;	
G00 Z2.;	
G01 U-66.;	图 7-9 零件的加工
M99;	子程序结束并回到主程序

2）带槽件的车削。工程训练图样如图 7-10 所示。

技术要求

1. 未注公差按GB/T 1804—m。
2. 备料：$\phi50$mm×65mm。

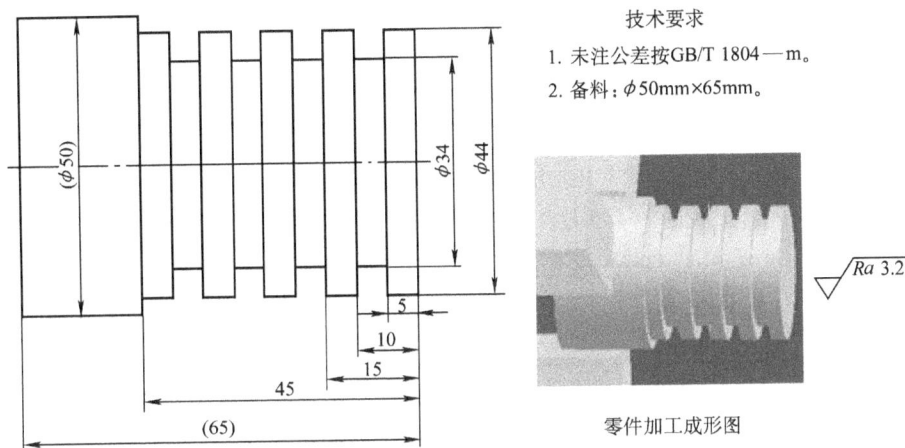

零件加工成形图

图 7-10　带槽件车削图样

① 工艺分析。零件的加工工艺分析见表 7-22。

表 7-22　零件的加工工艺分析

项目内容	分析说明
设备选择	FANUC 0i 系统
刀具选择	1. 主偏角为 93° 的机夹车刀，刀号 T0101（刀柄：SCLCR2020K09；刀片：CC..09T308） 2. 车断刀，刀头宽 5mm，刀头长 15mm，刀号 T0202（刀柄：QA2020R03；刀片：Q03YB415）
量具选用	1. 游标卡尺（0~125mm） 2. 外径千分尺（25~50mm）
切削用量的选用	1. 转速的选择：外圆车削时 $n = 800$r/min；车槽时 $n = 450$r/min 2. 背吃刀量的选用：外圆车削分二次进给完成，第一次 4mm，第二次 2mm；车槽时背吃刀量等于刀头宽度 3. 进给量的选用：$f = 0.1$mm/r
夹具的选用	本零件采用自定心卡盘直接装夹
坐标原点的选取	本零件的坐标原点应选择在零件右端面与轴线的交点处
加工工步	装夹工件一端，伸出长度大于 45mm→车端面→车外圆→车槽
编程用功能指令	编程采用 G00、G01、G90、G91 指令

② 加工工序单与进给路线见表 7-23。

表 7-23 中的车槽进给路线为一个切削循环，子程序调用 4 次的全部进给路线如图 7-11 所示，其循环路线为：E→F→G→F→H→I→H→J→K→J→M→N→M→E。

③ 该零件的数控加工程序见表 7-24。

表 7-23　零件加工工序单与进给路线

工步内容	工步简图	刀路分析与基点位置
车端面	—	—
车外圆		进给路线:快速定位循环点 A 点 (52,2)→B 点(44,2),进给→C 点 (44,-45),车外圆→D 点(52,-45),退刀→A 点,返回循环点 外圆的车削分两次进给完成,具体见表 7-22 中切削用量的选用
车槽		进给路线:快速定位对刀点 E 点 (52,0)→F 点(52,-10),至起刀点位置→G 点(34,-10),车槽→F 点,退刀

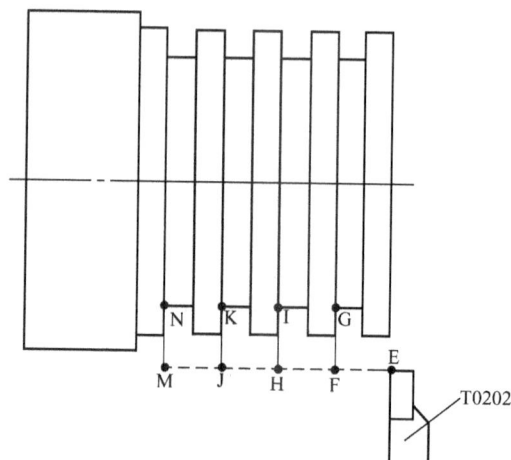

图 7-11　子程序循环走刀图

(4) 非圆曲线的拟合与误差分析方法

1)非圆曲线轮廓的概念。数控加工中把除直线与圆之外可以用数学方式表示的平面廓形曲线,称为非圆曲线,其数学表达式可以由 $y = f(x)$ 的形式给出,也可以用极坐标或参数方程的形式给出。通过坐标变换,后两种形式的数学表达式可以转换为直角坐标系表达式。在数控车床上,这类零件主要是以各种非圆曲线为母线的回转体零件,如椭圆手柄等。

174

表 7-24　零件数控加工程序及说明

程　　序	说　　明
O5001；	主程序名
G99 T0101 M03 S800；	建立工件坐标系，主轴以 800r/min 正转
G00 X52. Z2.；	
G91 X−0.5 F0.1；	车端面
G90 X46. Z−45.；	车外圆
X44.；	
G00 X100. Z100.；	
T0202 S450；	用 2 号刀，主轴以 450r/min 正转
G00 X52. Z0；	
M98 L4 P5101；	调用子程序 5101，共计 4 次
G00 X100. Z100.；	
M05；	
M30；	
O5101；	子程序名
G01 W−10.；	
G01 U−10 F0.1；	或写成：X34. F0.1
U−17.；	或写成：X52.
M99；	子程序结束并回到主程序

图 7-10　零件的加工

2）非圆曲线轮廓的加工方法。在当前绝大多数的数控系统中，还没有提供完善的非圆曲线插补功能，其加工主要是用拟合处理的方法，即用直线段或圆弧段去逼近非圆曲线，拟合线段中的交点或切点称为节点。拟合处理非圆曲线的加工，一般应注意以下几点。

① 确定逼近非圆曲线是采用直线段还是圆弧段。

② 确定拟合的数学处理方法。

非圆曲线节点的计算是较为复杂的，如采用直线段逼近时有等步距法、等误差法、等程序段法等，采用圆弧逼近时有曲率圆法、三点圆法、相切圆法等。其中等步距法直线段逼近非圆曲线由于计算、编程均相对简单，所以应用较为广泛。

等步距法是指在一个坐标轴方向上，将拟合轮廓的总增量（如果在极坐标系中，则指转角或径向坐标的总增量）进行等分后，对设定节点进行坐标值计算的方法，如图 7-12 所示。

3）减小拟合误差的方法。在实际编程过程中，主要采用下面几种方法来减小拟合误差。

① 采用合适的拟合方法。相对而言，采用圆弧拟合的误差要小一些。

② 减小拟合线段的长度。这种方法增加了编程的工作量。

③ 使用计算机进行曲线拟合计算。

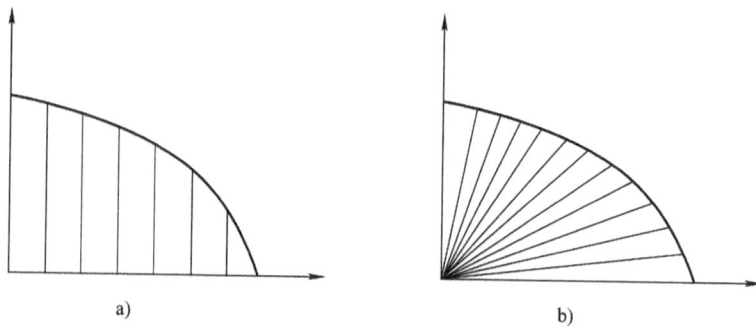

图 7-12 非圆曲线节点的等步距拟合

a) 直角坐标 b) 极坐标

在实际加工生产中，因手工计算节点坐标非常复杂，因此非圆曲线的加工一般利用数控系统的宏程序、参数编程功能或类似功能进行编程，或者利用自动编程来编制加工程序。

任务三 应用宏程序的加工

在数控车削加工中，对于几何形状不复杂或无特殊要求的零件常常采用手工编程，但对于那些造型复杂或以公式曲线（如椭圆、双曲线、抛物线、函数曲线）等为轮廓的零件，则需借助计算机配合相关的软件进行自动编程，或者采用数控系统提供的宏指令编程。

各种数控系统都为用户配备了强有力的宏程序功能，用户可以使用变量进行算术运算、逻辑运算和函数的混合运算，此外宏程序还提供了循环语句、分支语句和子程序调用语句，用于编制各种复杂的零件加工程序，减少甚至免除了手工编程时繁琐的数值计算，同时也精减了程序量。

（1）FANUC 数控系统宏变量、常量、运算表达式与语句 FANUC 数控系统的宏程序分为 A、B 两类，一般情况下较老的系统，如 FANUC OTD 中采用 A 类宏程序，而在较为先进的系统中，如 FANUC 0i 系统中则采用 B 类宏程序。

1）FANUC 0i 数控系统宏变量见表 7-25。

表 7-25 FANUC 0i 数控系统宏变量

变量号	变量类型	功能说明
# 0	空变量	该变量总是空,没有值能赋给该变量
# 1～# 33	局部变量	局部变量只能用在程序中存储数据（如运算结果）。当断电时,局部变量被初始化为空。调用宏程序时,自变量对局部变量赋值
# 100～# 199 # 500～# 999	公共变量	公共变量在不同的宏程序中通用。当断电时,变量 # 100～# 199 初始化为空,变量 # 500～# 999 的数据保存,即使断电也不丢失
# 1000 以上	系统变量	系统变量用于读和写 CNC 运行时的各种数据,例如刀具的当前位置和补偿

局部变量和公共变量取值范围为 $-10^{47}\sim10^{47}$，如果计算结果超出有效范围，则发出 P/S

报警 No. 111。为在程序中使用变量值，将跟随在地址符后的数值用变量来代替的过程称为引用变量，如当定义变量 # 100 = 30.0、# 101 = -50.0、# 102 = 80 以后，要表示程序段 G01 X30.0 Z-50.0 F80；时，即可将引用变量表示为 G01X # 100 Z # 101 F # 102。变量也可用表达式指定，此时要把表达式放在括号中，如 G01X [# 1+ # 2] F # 3。变量被引用时，其值根据地址的最小单位自动舍入。当变量值未定义时，变量称为空变量（如 # 2 未定义，用 # 2 =<空>表示）。当引用未定义的变量时，变量及地址字都被忽略，如当变量 # 1 = 0，# 2 =<空>，即 # 2 的值是空时，G00X # 1 Z # 2 的执行结果为 G00 X0。变量 # 0 总是空变量，它不能写，只能读。

2）算术与逻辑运算。表 7-26 中所列出的运算可以在变量中执行，运算符号右边的表达式可包含常量和（或）由函数或运算符组成的变量。表达式中的变量 # j 和 # k 可以用常数赋值，左边的变量也可以用表达式赋值。

表 7-26　算术与逻辑运算

功　　能	格　　式	备　　注
定义	# i= # j	
加法	# i= # j + # k	
减法	# i= # j - # k	
乘法	# i= # j * # k	
除法	# i= # j / # k	
正弦	# i=SIN[# j]	
反正弦	# i=ASIN[# j]	
余弦	# i=COS[# j]	角度以度为单位,如 90°30′表示为 90.5°
反余弦	# i=ACOS[# j]	
正切	# i=TAN[# j]	
反正切	# i=ATAN[# j]/[# k]	
平方根	# i=SQRT[# j]	
绝对值	# i=ABS[# j]	
舍入	# i=ROUND[# j]	
上取整	# i=FIX[# j]	
下取整	# i=FUP[# j]	
自然对数	# i=LN[# j]	
指数函数	# i=EXP[# j]	
或	# i= # j　OR # k	
异或	# i= # j　XOR # k	逻辑运算一位一位地按二进制数执行
与	# i= # j　AND # k	
从 BCD 转为 BIN	# i=BIN[# j]	用于与 PMC 的信号交换
从 BIN 转为 BCD	# i=BCD[# j]	

注：1. 三角函数中 # j 的值超范围时，发出 P/S 报警 No. 111，# i 的取值范围根据不同的机床设置参数有所不同。

2. 运算次序。运算符运算的先后次序为：函数→乘和除运算（ * 、/、AND）→加和减运算（+、-、OR、XOR）。

3. 括号嵌套。括号用于改变运算次序。括号可以使用 5 级，包括函数内部使用的括号。当超过 5 级时，出现 P/S 报警 No. 118。

3）宏程序语句。宏程序语句也称为宏指令，是指包含算术或逻辑运算（如＝）、控制语句（如 GO、TO、DO、END）、宏程序调用指令（如 G65、G67 或其他 G 代码、M 代码调用宏程序）的程序段。除了宏程序语句以外的任何程序段都为 NC 语句。

宏程序语句与 NC 语句不同，在单程序段运行方式时，根据参数不同，机床可能不停止，在刀具半径补偿方式中宏程序语句段不作为移动程序段处理。

在一般的加工程序中，程序按照程序段在存储器中的先后顺序依次执行，使用转移和循环语句可以改变、控制程序的执行顺序。有以下三种转移和循环操作可供使用。

① GOTO 语句。GOTO 语句也称无条件转移语句，其格式为：

GOTOn；n 为程序段顺序号（1～99999）。

它的作用是转移到标有顺序号 n 的程序段。当指定 1～99999 以外的顺序号时，出现 P/S 报警 No. 128。顺序号也可用表达式指定。

② IF 语句。IF 语句也称条件转移语句，其格式如下：

格式一：IF［(条件表达式)］GOTOn；

它的作用是当指定的条件表达式满足时，转移到标有顺序号 n 的程序段；当指定的条件表达式不满足时，则执行下一个程序段。

如：N2 G00 X10.0；

　　…

　　IF［＃1 GT 10］GOTO2；（如果变量 ＃1 的值大于 10，转移到顺序号为 N2 的程序段）

　　N ××× …　　　　　　　　（如果变量 ＃1 的值不大于 10，转移到顺序号为 N×××的程序段）

格式二：IF［(条件表达式)］THEN；

它的作用是如果条件表达式成立，执行 THEN 后的宏程序语句，且只执行一个宏程序语句。

如：IF［＃1 EQ1 ＃2］THEN ＃3＝0；（如果 ＃1 和 ＃2 的值相同，0 赋给 ＃3）

上述条件表达式中必须包括运算符且用括号 ［ ］ 封闭。

条件表达式中的变量可以用表达式替代。未定义的变量，在使用 EQ 或 NE 的条件表达式中，＜空＞和零有不同的效果。在其他形式的条件表达式中，＜空＞被当作零。

③ WHILE 语句。WHILE 语句也称为循环语句，其格式为：

WHILE［条件表达式］DOm；（m＝1，2，3）

…

ENDm；

其中，m 为标号，标明嵌套的层次，即 WHILE 语句最多可嵌套 3 层。若用 1、2、3 以外的值，则会产生 P/S 报警 No. 126。

它的作用是当指定的条件满足时，则执行从 DO 到 END 之间的程序，否则转到 END 后的程序段。

如：用宏程序计算数值 1～10 的总和，程序为：

　O4102；

　＃1＝0；（用 ＃1 表示总和，赋变量初值为 0）

#2=1；（用#2表示被加数，初值为1）

WHILE［#2 LE10］DO 1；（当被加数小于等于10时循环累加）

#1=#1+#2；（计算和数）

#2=#2+#1；（下一个被加数）

END 1；

N2 M30；（程序结束）

4）宏程序调用。调用宏程序语句的子程序称为宏程序的调用。调用宏程序的方法一般有非模态调用（G65）、模态调用（G66、G67）、用G代码和M代码等几种方法。

① G65非模态调用，其格式为：

G65 P××××L××××自变量地址；

式中P指定用户宏程序的程序号，地址L指定1～9999的重复次数。省略L值时，认为L等于1。

G65调用用户宏程序时，自变量地址指定的数据能传递到用户宏程序体，被赋值给相应的局部变量。自变量地址与变量号的对应关系见表7-27。不需要指定的地址可以省略，对于省略地址的局部变量设为空。地址不需要按字母顺序指定，但应符合地址字的格式，但是，I、J和K需要按字母顺序指定。

表7-27　自变量地址与变量号的对应关系

地址	变量号	地址	变量号	地址	变量号
A	#1	I	#4	T	#20
B	#2	J	#5	U	#21
C	#3	K	#6	V	#22
D	#7	M	#13	W	#23
E	#8	Q	#17	X	#24
F	#9	R	#18	Y	#25
H	#11	S	#19	Z	#26

应当注意的是：G65宏程序调用和M98子程序调用是有差别的。G65可指定自变量，而M98没有此功能。当M98程序段包含另一个NC指令时，在执行之后调用子程序；相反，G65无条件地调用宏程序，在单程序段方式下，机床停止；G65改变局部变量的级别，M98不能改变局部变量的级别。

② G66模态调用。指定G66后，在每个沿移动轴移动的程序段后调用宏程序，G67取消模态调用，其格式为：

G66 P××××L××××自变量地址；

式中P指定模态调用的程序号，地址L指定1～9999的重复次数，省略L时其值为1。与G65非模态调用相同，自变量指定的数据传递到宏程序体中。指定G67代码时，其后面的程序不再执行模态宏程序调用。但应注意，在G66程序段中，不能调用多个宏程序。

③ 用G代码调用宏程序。FANUC 0i系统允许用户自定义G代码，它通过设置参数（No.6050～No.6059）中相应的G代码（1～9999）来调用对应的用户宏程序（O9010～O9019），调用宏程序的方法与G65相同。参数号与程序号之间的对应关系见表7-28。

表 7-28　参数号与程序号之间的对应关系

程序号	参数号	程序号	参数号
O9010	6050	O9015	6055
O9011	6051	O9016	6056
O9012	6052	O9017	6057
O9013	6053	O9018	6058
O9014	6054	O9019	6059

注：修改上述参数时应先在 MDI 方式下修改参数的写入属性为"1"，如果参数写入属性为"0"，则无法修改 #6050 参数。

（2）工程实例

1）工程图样如图 7-13 所示。

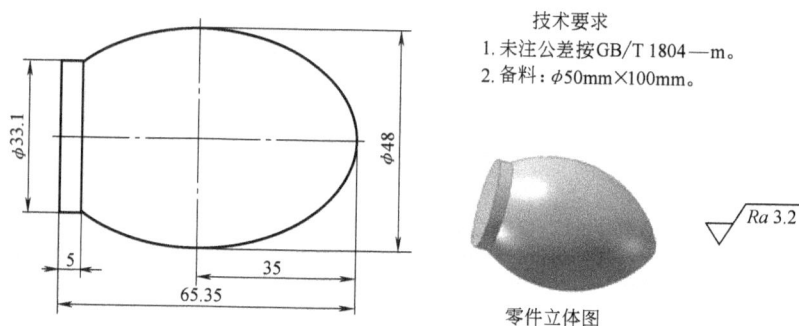

技术要求
1. 未注公差按GB/T 1804—m。
2. 备料：ϕ50mm×100mm。

零件立体图

$\sqrt{Ra\,3.2}$

图 7-13　椭圆面加工图样

2）工艺分析。零件的加工工艺分析见表 7-29。

表 7-29　零件的加工工艺分析

项目内容	分析说明
设备选择	FANUC 0i 系统
刀具选择	93°机夹尖车刀（刀尖角 35°），刀号 T0101（刀柄：SVICR2020K11；刀片：VC..110304）
量具选用	1. 游标卡尺（0~125mm） 2. 外径千分尺（25~50mm） 3. 半径样板
切削用量的选用	1. 转速的选择：n = 800r/min 2. 背吃刀量的选用：a_p = 0.5~1mm 3. 进给量的选用：粗车时 f = 0.15mm/r；精车时 f = 0.2mm/r
夹具的选用	本零件采用自定心卡盘直接装夹
坐标原点的选取	零件坐标原点选取为右端椭圆点与轴线的交点
加工工步	该零件采用 FANUC 0i 系统宏程序功能完成；用标准方程精车轮廓逐层逼近，按粗车→半精车→精车，依次完成
编程用功能指令	编程采用宏程序编程
各基点计算	该零件的椭圆方程为：$\dfrac{x^2}{14^2}+\dfrac{(z+25)^2}{25^2}=1$，椭圆加工拟合节点坐标由宏程序计算给出，其余基点已给出，仅需将图样中的尺寸转换成各基点坐标便可

3）该零件的数控加工程序见表 7-30。

表 7-30　零件数控加工程序及说明

程　　序	说　　明
O5003;	主程序名
G99 T0101 S800 M03;	用 G 指令建立坐标系
G00 X100. Z100.;	
X52. Z37.;	快速定位
G94 X0 Z35. F0.2;	车端面
#105 = 45;	给变量赋值
WHILE［#105GE0］DO1;	条件判断语句
N10 M98 P5301;	调用子程序
#105 = #105-5;	插补运算
END1;	插补结束
G00 X100. Z100.;	
M30;	主程序结束并返回
O5301;	
#1 = 35;	子程序
G01 Z［#1+1］;	
N20 #4 = ［24 * SQRT［1-#1 * #1/1225］］;	
G01 Z#1;	
X［#4 * 2+#105］;	

程序	图
#1 = #1-0.1;	
IF［#1GE-20］GOTO20;	
G01 Z-25.35;	
X54.;	
G00 Z2.;	图 7-13　零件的加工
M99;	返回主程序

训练拓展

能力训练

1. 编制图 7-14 所示零件的数控加工程序（只要求加工右端轮廓），并上机操作，完成该零件的车削加工。

2. 编制图 7-15 所示零件的数控加工程序。

3. 编制图 7-16 所示零件的数控加工程序。

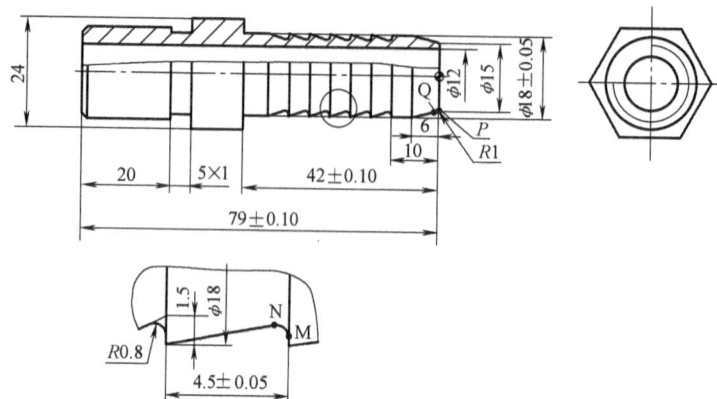

图 7-14　能力训练图样十

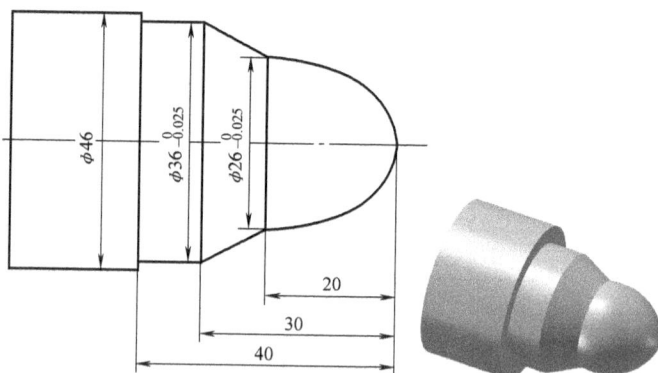

图 7-15　能力训练图样十一

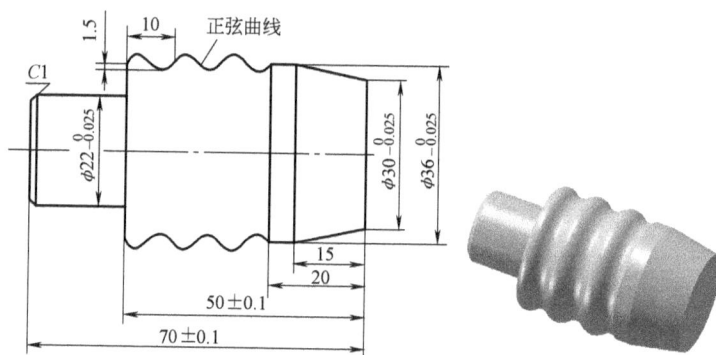

图 7-16　能力训练图样十二

车工职业标准中对中级车工（数控车床）的工作要求

职业功能	工作内容	技能要求	相关知识
一、工艺准备	（一）读图与绘图	1. 能读懂主轴、蜗杆、丝杠、偏心轴、两拐曲轴、齿轮等中等复杂程度的零件工作图 2. 能绘制轴、套、螺钉、圆锥体等简单零件的工作图 3. 能读懂车床主轴、刀架、尾座等简单机构的装配图	1. 复杂零件的表达方法 2. 简单零件工作图的画法 3. 简单机构装配图的画法
	（二）制定加工工艺	能编制台阶轴类和法兰盘类零件的车削工艺卡，主要内容有： 1. 能正确选择加工零件的工艺基准 2. 能决定工步顺序、工步内容及切削参数	1. 数控车床的结构特点及其与普通车床的区别 2. 台阶轴类、法兰盘类零件的车削加工工艺知识 3. 数控车床工艺编制方法
	（三）工件定位与夹紧	1. 能正确装夹薄壁、细长、偏心类工件 2. 能合理使用四爪单动卡盘、花盘及弯板装夹外形较复杂的简单箱体工件	1. 定位夹紧的原理及方法 2. 车削时防止工件变形的方法 3. 复杂外形工件的装夹方法
	（四）刀具准备	能正确选择和安装刀具，并确定切削参数	1. 数控车床刀具的种类、结构及特点 2. 数控车床对刀具的要求
	（五）编制程序	1. 能编制带有台阶、内外圆柱面、锥面、螺纹、沟槽等轴类、法兰盘类零件的加工程序 2. 能手工编制含直线插补、圆弧插补二维轮廓的加工程序	1. 几何图形中直线与直线、直线与圆弧、圆弧与圆弧的交点的计算方法 2. 机床坐标系及工件坐标系的概念 3. 直线插补与圆弧插补的意义及坐标尺寸的计算 4. 手工编程的各种功能代码及基本代码的使用方法 5. 主程序与子程序的意义及使用方法 6. 刀具补偿的作用及计算方法
	（六）设备维护保养	1. 能在加工前对车床的机、电、气、液开关进行常规检查 2. 能进行数控车床的日常保养	1. 数控车床的日常保养方法 2. 数控车床操作规程

（续）

职业功能	工作内容	技能要求	相关知识
二、工件加工	（一）输入程序	1. 能手工输入程序 2. 能使用自动程序输入装置 3. 能进行程序的编辑与修改	1. 手工输入程序的方法及自动程序输入装置的使用方法 2. 程序的编辑与修改方法
	（二）对刀	1. 能进行试切对刀 2. 能使用机内自动对刀仪器 3. 能正确修正刀补参数	试切对刀方法及机内对刀仪器的使用方法
	（三）试运行	能使用程序试运行、分段运行及自动运行等切削运行方式	程序的各种运行方式
	（四）简单零件的加工	能在数控车床上加工外圆、孔、台阶、沟槽等	数控车床操作面板各功能键及开关的用途和使用方法
三、精度检验及误差分析	（一）高精度轴向尺寸、理论交点尺寸及偏心件的测量	1. 能用量块和百分表测量公差等级 IT9 的轴向尺寸 2. 能间接测量一般理论交点尺寸 3. 能测量偏心距及两平行非整圆孔的孔距	1. 量块的用途及使用方法 2. 理论交点尺寸的测量与计算方法 3. 偏心距的检测方法 4. 两平行非整圆孔孔距的检测方法
	（二）内外圆锥检验	1. 能用正弦规检测锥度 2. 能用量棒、钢球间接测量内、外锥体	1. 正弦规的使用方法及测量计算方法 2. 利用量棒、钢球间接测量内、外锥体的方法与计算方法
	（三）多线螺纹与蜗杆的检验	1. 能进行多线螺纹的检验 2. 能进行蜗杆的检验	1. 多线螺纹的检验方法 2. 蜗杆的检验方法

参 考 文 献

[1] 朱明松，朱德浩. 数控车床编程与操作项目教程 [M]. 3 版. 北京：机械工业出版社，2019.

[2] 李军，王兵. 数控车床加工技能实训 [M]. 北京：人民邮电出版社，2007.

[3] 韩鸿鸾，何全民. 数控车床的编程与操作实例 [M]. 北京：中国电力出版社，2006.

[4] 胡协忠，朱勤惠. 数控车工：FANUC 系统 [M]. 北京：化学工业出版社，2008.

[5] 崔兆华. 数控车工：中级 [M]. 北京：机械工业出版社，2016.